현장실무자를 위한 펌프 입문

현장실무자를 위한 펌프 입문

초판 1쇄 인쇄일 2022년 3월 22일
초판 1쇄 발행일 2022년 3월 28일

지은이 이창영
펴낸이 최길주

펴낸곳 도서출판 BG북갤러리
일러스트 디자인 에이투젯커뮤니케이션(031-922-4870)
등록일자 2003년 11월 5일(제318-2003-000130호)
주소 서울시 영등포구 국회대로72길 6, 405호(여의도동, 아크로폴리스)
전화 02)761-7005(代)
팩스 02)761-7995
홈페이지 http://www.bookgallery.co.kr
E-mail cgjpower@hanmail.net

ISBN 978-89-6495-241-2 93550

현장실무자를 위한

펌프 입문

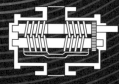

이창영 지음

BG 북갤러리

이해하기 쉽고 현장에서 꼭 필요한 이 책을
관련업 종사자들에게 일독을 권한다

현대 산업현장에서 OPEX(Operating Expenditure) 비중은 날로 중요해지고 있다. '설비를 유지하고 운영하는 데 드는 제반 비용'을 말하는 OPEX에 따라 현장에서 사용하는 펌프도 유지보수비용에 대한 원가절감을 위해 이미 기술적인 검토가 끝난 저렴한 제품을 구매해 사용해야 할 것이다. 하지만 그에 못지않게 중요한 것이 제품을 사용하면서 기계에 대한 이해도를 높여야 하고, 무엇보다도 오랫동안 안전하고 효율적으로 관리할 수 있어야 한다.

이런 관점에서 최근 출간한 《현장실무자를 위한 펌프 입문》은 유체역학 기초지식은 물론 펌프의 기초 이론과 승압 원리, 펌프의 종류 및 특성, 펌프별 응용과 적용 등 펌프에 대한 기본 이론 및 실무에 필요한 지식, 펌프 특성 등에 대해 자세하게 설명하고 있는 유익한 책이어서 무척 반갑고 고맙게 생각한다.

펌프의 이론과 실제에 대해서 다룬 도서임에도 이 책은 펌프별 각 명칭과 용어 그리고 운전절차에서 운영방법까지 총망라해 다양하게 구성된 점이 돋보인다. 이해하기 쉽고 현장에서 꼭 필요한 이 책을 관련업 종사자들에게 일독을 권한다.

2022년 1월

삼성SDI(주) 부사장 **김판배**

펌프 입문 공학도 및 현장 기술자들을 위한 '펌프편람'

인류의 삶에 필수적인 물을 이송하기 위해 개발된 펌프는 산업화와 용도에 따라 다양하게 개발되어 오늘날 물뿐만 아니라 유체를 이송하는 데 광범위하게 사용되고 있다. 특히 석유화학공장 등에선 심장부와 같아 공장 전체의 운전을 좌우한다고 해도 과언이 아닐 것이다.

이처럼 석유화학공장과 산업 분야에서 없어서는 안 될 펌프는 수리학에서 일부분만이 이론적으로 취급되어 왔다고 볼 수 있어 현장에서 바로 활용 및 응용하는 데 한계가 있는 것이 사실이다.

이 책은 필자가 지금까지 현업에서 직간접적으로 받아온 교육자료 및 경험을 정리한 것으로 펌프에 입문하는 후배들과 현장 기술자들의 참고 및 편람서로 현장에서 바로 활용할 수 있도록 하였다.

각 장에는 필자가 펌프 입문시 어려워했던 임펠러(Impeller) 등 계산공식과 곡선(Curve) 등은 최대한 지양했으며, 누구나 쉽게 이해하고 활용할 수 있도록 펌프의 종류와 구조, 적용 그리고 운전방법 위주로 정리하였기 때문에 펌프 분야에 입문하는 공학도나 현장 기술자들이 펌프의 종류나 구조를 이해하고 습득하는 데 도움이 되도록 하였다.

　최근 시장 상황은 중화학공업의 포화상태로 펌프 사용처인 석유화학사들도 범용(Commodity) 제품생산에서 고부가(Specialty) 제품으로 전환하면서 회전 기계인 펌프 또한 고온과 고압 등에 적용되고, 하드웨어보다는 마모 및 진동 등을 미리 파악해 선제적으로 위험을 방지하는 소프트웨어 쪽을 강화하는 한편, 원가절감과 친환경 정책에 따라 친환경적인 에너지 절약 제품으로 바뀌어가는 추세이다.

　오래전 필자가 근무하는 일본과 독일 본사에서 받은 내외부 교육자료 및 현장경험을 토대로 정리하다 보니 내용 및 인용에 오류 또는 누락이 있을 수도 있다. 차후 독자들의 지적과 교정 요청이 있으면 개정판에 반영할 예정이니 양해를 바라는 바이다.

　이 책을 펴내는 데 바쁜 와중에도 번역을 도와준 첫째아들 이주엽과 둘째아들 이주일에게 지면을 통해 고맙다는 말과 물심양면으로 도와준 소중한 아내 정경인 씨에게도 고맙다는 말을 전하고 싶다. 끝으로 지속해서 이 책을 출간하게 도와주신 〈북갤러리〉 최길주 대표님과 디자인을 담당해준 〈에이투젯 커뮤니케이션〉 김영길 대표님께도 감사의 말을 전하는 바이다.

2022년 1월
파주 운정에서
이창영

✐ 차례 ✎

제1장 펌프 일반   15

제2장 펌프의 주요 사양   39

제3장 펌프의 구조와 종류   51

제4장 펌프 관련 기술용어   151

제5장 펌프의 운전　　　185

펌프 일반

1. 펌프의 정의

펌프(Pump)란 전동기, 터빈, 내연기관 등의 원동기에 의해 구동되며, 원동기에서 기계적인 에너지를 받아 유체에 에너지를 전달해 주는 대표적인 유체기계를 의미한다. 즉, 펌프는 원동기로부터 받은 기계적인 에너지를 외피(Casing) 속에 장착된 임펠러(Impeller)를 회전시켜 액체에 속도와 압력 에너지를 주고, 이때 케이싱(Casing)에 부착된 볼류트(Volute)나 디퓨저(Diffuser)를 통해 속도 에너지를 압력 에너지로 배가시켜 원하는 곳으로 토출시키는 장치이다. 이런 기본적인 원심펌프의 원리를 바탕으로 유체를 다양한 방법으로 이송할 수 있는 펌프가 끊임없이 개발되고 활용되고 있으며, 같은 펌프라는 이름으로 불려도 그 쓰임새나 작동 원리와 크기는 다양하다.

우리는 일상에서 무수히 펌프의 혜택을 접하면서도 잘 모르는 경우가 많다. 아침저녁으로 매일 사용하는 샴푸 뚜껑도 피스톤 펌프 원리의 일종이며, 병원에서 사용하는 주사기도 플런저 펌프 원리의 일종이다. 아침에 주스를 만드는 데 사용하는 착즙기는 스크루 펌프[1] 원리의 일종이며, 비 오는 날 우

1) Screw Pump : 현장에서는 일반적으로 '스크류 펌프'로 호칭해 부르고 있다.

산을 돌릴 때 빗물이 방사되는 현상은 원심펌프의 기본적인 원리이다. 그리고 대표적으로 생활의 편의를 도모해 주는 수도 펌프는 주택이나 건물에 설치되어 수도를 이용해 화장실로 물을 보내거나 식수로 사용할 수 있도록 한다. 이런 펌프들은 가정에만 국한된 게 아니라 각종 공장에서도 수많은 종류의 펌프가 설치되어 물 또는 액체들을 이송 및 공급하고 있다. 우리가 편리하게 사용 중인 자동차도 윤활유를 보내기 위한 오일펌프가 있으며, 비상시를 위한 소방펌프가 있어 스프링클러를 구동하는 데 활용되고 있다. 최근에는 펌프의 소량화 및 정밀화로 사람의 인슐린 공급과 인공 심장으로 혈액을 보내는 등 점차 그 활용도를 넓혀가는 추세이다.

2. 펌프의 원리

펌프의 작동 원리를 논하기 전에 스위스의 수학자인 '베르누이의 정리(D. Bernoulli Theorem)'를 상기하고 갈 필요가 있어 간략하게 설명하기로 한다. 유체역학의 기본법칙 중 하나로 1738년 베르누이가 발표한 베르누이의 정리는 물 또는 액체는 좁은 통로를 흐를 때 속력이 향상하고 넓은 통로를 흐를 때 속력이 감소하기에 유체의 속력이 향상하면 압력이 낮아지고, 반대로 감소하면 압력이 높아진다는 것. 즉, 관경이 작아질수록 유속은 증가한다는 논리이다.

베르누이의 정리와 연관 지어 보면 속도를 압력으로 전환해 주는 역할을 하는 것이 그림 1.1(a)와 같은 볼류트(Volute) 또는 그림 1.1(b)와 같은 디퓨저(Diffuser)로 봐야 한다.

볼류트는 케이싱(Casing)과 일체형으로 외피(Casing) 내 와류(Volute)형태의 부분이며, 디퓨저는 기본적으로 케이싱과 별도 부품이나 케이싱에 조립되어 유속을 압력으로 전환하는 역할을 한다.

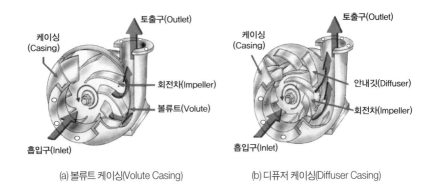

출처 : https://m.blog.naver.com/firerisk/221773575708 인용 및 수정

그림 1.1 **원심펌프(Centrifugal Pump)의 구조 Volute / Diffuser**

앞의 그림을 보면 볼류트가 별것 아니라는 걸 알 수 있다. 그냥 펌프 외피 (Casing) 내 토출 쪽으로 면적이 증가하는 곡선 깔때기 부분이다.

펌프의 작동 원리를 정리하자면 원심펌프 내부의 '임펠러(Impeller)'가 회전하면서 발생하는 원심력으로 물 또는 액체에 속도가 생기고, 물 또는 액체가 임펠러를 떠나 '볼류트(Volute)'를 거치는 동안 속도가 압력으로 바뀌어 원하는 곳으로 보내지게 되는 것이다.

펌프의 기능을 측정할 때 흡입능력과 압상능력 두 가지 요소를 고려한다.

① 흡상능력(흡입조건)

흡상능력이란 일상에서 음료나 아이스 커피를 빨대를 이용해 빨아먹는 것과 같은 원리로 펌프의 흡입 측 액면에서 펌프 임펠러의 중심까지의 높이다.

이론적으로 물을 기준으로 100% 진공을 만들 수 있다면 대기압 아래에선 10.33m의 물을 흡입할 수 있다고 보는데 경제적인 측면과 시간상 100% 진공을 만드는 것은 매우 어려우므로 '토리첼리의 수은주 실험'을 이해할 필요가 있다.

이탈리아 수학자이자 물리학자인 에반젤리스타 토리첼리(Evangelista Torricelli)의 수은주 실험은 그림 1.2와 같이 유리관(1m)을 세우면 지구의 중력에 의해 누르는 힘인 대기압(1기압)으로 수은(비중 : 13.6)에 압력이 가해지고 진공상태의 유리관 안으로 밀려들어 오다가 76cm 지점에서 더 이상 올라가지 않고 멈추게 된다(대기압 (A) = 수은 기둥의 압력(B)).

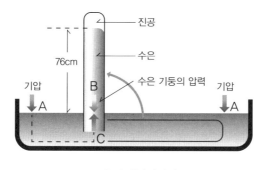

그림 1.2 대기의 압력

참고로 토리첼리가 일상에서 쉽게 구할 수 있는 물(비중 : 1)로 실험하지 않은 이유는, 물은 비중이 적어 10m를 넘게 올라가 실험하기가 힘들어서였다고 한다.

따라서 지구상에 펌프는 자흡식 펌프를 제외하고 모든 탱크의 수면

10.33m보다는 낮은 곳에 설치해야 한다고 봐야 한다. 흡상능력은 흡입한 수면에 가해지는 압력과 펌프 흡입 면에서의 압력 차로 결정되기 때문에 사용하는 장소의 대기압이나 수온에 따라 한계가 있다.

대부분 펌프의 흡상능력은 유체를 물이라 가정했을 때 많아봤자 약 8m이고 일반적으로 6~7m 정도뿐이다.

실제로는 흡입하는 펌프만 있는 것이 아니기에 이론 높이보다 훨씬 낮은 곳에 설치해야 하며, 가능하다면 탱크 하부에 펌프를 설치해 흡입 시 문제가 발생하지 않도록 하는 것이 제일 좋다. 흡상능력은 펌프 전단에 진공계(Vacuum Gauge)나 연성계(Compound Gauge)를 설치하여 측정할 수 있다.

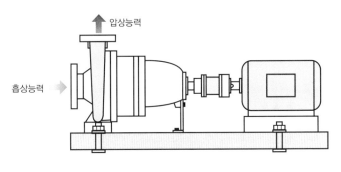

그림 1.3 펌프의 흡상능력과 압상능력

② 압상능력(토출조건)

압상능력이란 펌프가 임펠러의 회전력으로 최대로 올릴 수 있는 유체의 높이로 임펠러 한 개당 최대 약 200m이다.

앞에서 흡상능력은 제한적이지만 압상조건은 이론적으로 제한이 없다고 볼 수 있으나 임펠러 한 개당 최대 약 200m이며, 그 이상으로 토출시키는 연구는 지속해서 계속되고 있다.

3. 펌프의 사용 목적

펌프의 사용 목적은 첫째, 유압 시스템과 기기 냉각수 시스템 계통 등에 유체의 가압을 할 때 사용된다. 즉, 낮은 압력인 곳에서 압력을 형성시켜 높은 압력이 차 있는 곳으로 유체를 공급하는 역할을 한다.

둘째, 고가수조, 물탱크, 소방수 분사 등 낮은 곳에 있는 유체를 높은 곳으로 올리는 역할을 한다.

셋째, 모든 공장, 유조시설, 상수도 등 관로를 통해 원하는 주입점으로 유체를 보내는 역할을 한다.

4. 펌프의 종류와 분류

펌프의 종류는 대단히 많으며 현재도 개발 중이다. 액체를 취급하는 펌프의 종류를 형식별로 크게 나누면 동력을 써서 물 또는 액체의 압력을 변화시키는 유체기계로써 회전차인 임펠러의 동력학적 작용에 따라 압력을 높이는 터보펌프(Turbo Pump)와 기어(Gear)나 피스톤(Piston)의 왕복운동에 의하여 압력을 높이는 용적형 펌프(Displacement Pump)가 있다.

작동 방식과 구조상으로 펌프를 분류하면 표 1.1과 같이 원심펌프(Centrifugal Pump), 왕복펌프(Reciprocating Pump), 회전펌프(Rotary Pump), 축류펌프(Axial Flow Pump), 사류펌프(Mixed Flow Pump) 그리고 그 밖의 진공펌프(Vacuum Pump) 등이 있다.

표 1.1 펌프 종류

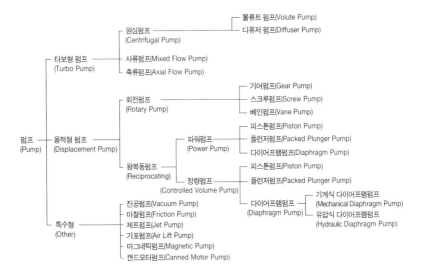

1) 터보형 펌프

터보형 펌프는 임펠러(Impeller, 회전차)의 회전으로 운동에너지를 일으켜 외피(Casing, 와류실) 등의 구조에 의해 압력 에너지로 변환시키는 펌프이다. 용적형(Displacement Pump)보다 구조가 간단하고 취급이 용이하며, 맥동이 없이 연속 무맥동 송수가 가능한 대표적인 펌프군이다. 이런 터보형 펌프로 원심펌프(Centrifugal Pump), 사류펌프(Mixed Flow Pump), 축류펌프(Axial Flow Pump)로 나누어지며, 펌프의 효율은 축류펌프 < 사류펌프 < 와류펌프 순으로 우수하다.

(1) 원심펌프

원심펌프의 원리를 간단히 이해하기 위해선 소싯적으로 돌아가 비 오는 날 우산을 돌렸던 기억을 해보자. 빗물이 묻은 우산을 돌리면 우산살 끝으로 물방울이 튀면서 밖으로 날아가는 현상을 한 번쯤 경험했을 것이다. 이때 물방울들은 원심력의 영향을 받아 우산 밖으로 튀어 나가게 된다. 원심펌프는 이 우산과 같은 역할을 하는 임펠러(프로펠러 모양)를 방의 중심에 두고 회전을 시키게 된다. 원심펌프는 임펠러를 회전시켜 액체에 회전력을 주어서 원심력 작용으로 양수하는 터보형 펌프 중 가장 대표적인 펌프로서, 펌프의 기본적인 부품은 임펠러, 디퓨저(안내 깃) 그리고 케이싱으로 구성된다.

원심펌프는 세부적으로 그림 1.1과 같이 디퓨저(안내 깃)의 유무에 따라 디퓨저가 없는 것을 볼류트펌프(Volute Pump)라 하고, 임펠러와 케이싱 사이에 디퓨저가 있는 것을 터빈펌프(Turbine Pumps) 또는 디퓨저펌프(Diffuser Pump)라고도 하는데 고양정 펌프에 적용된다.

그리고 임펠러 수량에 따라 한 개만 사용한 저양정 단단펌프(Single Stage Pump)와 그림 1.4와 같이 1개의 축(Shaft)에 한 개 이상의 임펠러를 장착한 고양정 다단펌프(Multi-stage Pump)가 있다.

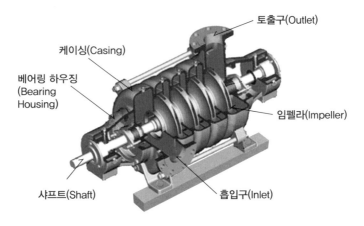

출처 : https://m.blog.naver.com/namgoocha/221582026805 인용 및 수정

그림 1.4 **다단펌프 구조**

일반적으로 원심펌프엔 그림 1.5(a)와 같이 흡입구가 한쪽에만 있는 것이 보통으로 편흡입 펌프(Single Suction Pump)와 그림 1.5(b)와 같이 냉각탑의

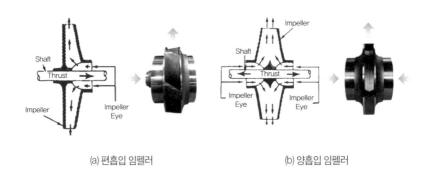

(a) 편흡입 임펠러   (b) 양흡입 임펠러

출처 : https://m.blog.naver.com/namgoocha/221582026805 인용 및 수정

그림 1.5 **편흡입 임펠러와 양흡입 임펠러**

냉각수 같은 큰 유량을 이송하기 위해 임펠러 등을 맞대게 하고 흡입구를 양
쪽에 설치한 양흡구 펌프도 있다.

(2) 사류펌프

사류펌프(Mixed Flow Pump)는 원심펌프와 축류펌프의 중간적인 특징
을 가지고 있어 원심펌프보다 송출 유량이 많아야 하거나 전양정이 축류펌
프보다 높아야 할 때 적합하다. 축류펌프와 다른 점은 임펠러 형태로 유체가

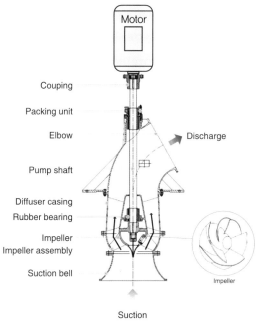

그림 1.6 **사류펌프**

날개차를 통과할 때 그림 1.6과 같이 축 방향과 반경 방향이 합성된 방향으로 흐름이 형성된다는 것이다. 즉, 유체가 임펠러 날개차의 축 방향으로 들어왔다가 축에 대하여 45도 정도 경사진 방향으로 토출되는 펌프이다. 양정은 최대 30m 정도 올릴 수 있고 고유량 펌프이기 때문에 농업용수의 양수 및 배수용, 상하수도용, 발전소에서의 해수 취수용으로 사용된다. 또한 높은 양정에서는 공동현상(Cavitation)도 작고 수명도 길다.

(3) 축류펌프

축류펌프(Axial Flow Pump)는 보통 횡형(Horizontal)이나, 최근에는 그림 1.7과 같이 사류펌프와 비슷한 수직형(Vertical)도 있으며, 임펠러 형태는 선풍기 날개와 비슷한 프로펠러형으로 액체의 흐름이 축 방향으로 들어와 축 방향으로 흘러나가는 펌프이다. 펌프 특성상 고유량에 약 10m 이하 저양정 사양으로 농업용 양수펌프, 배수펌프, 상·하수도용 펌프에 이용되고 있다.

운전 중에 임펠러 깃의 각도를 조정할 수 있는 장치가 설치된 가동익 축류펌프와 조정할 수 없는 고정익 축류펌프가 있다. 고정익 축류펌프를 단순히 '축류펌프'라 부른다.

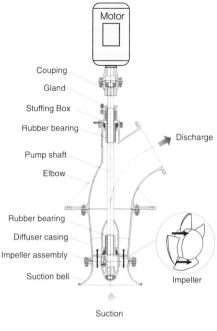

Couping
Gland
Stuffing Box
Rubber bearing
Pump shaft
Elbow
Discharge
Rubber bearing
Diffuser casing
Impeller assembly
Suction bell
Impeller
Suction

그림 1.7 **축류펌프**

(4) 펌프의 특성

앞에서 설명한 원심펌프, 왕복동펌프, 회전펌프의 특성을 간략하게 정리해
보면 다음과 같다.

표 1.2 펌프 종류별 특성 비교

펌프 종류		장점	단점
원심펌프 (Centrifugal Pump)	터빈 펌프 (Turbine Pump)	디퓨저 케이싱은 볼류트형 케이싱에 비하여 효율이 우수하고 소음이 적다. 디퓨저(안내 깃)가 있어 고양정에 적합하며, 동력 소모를 최소화할 수 있다. 케이싱이 원통형으로 기계 가공이 정밀하다.	기존 케이싱에 안내 깃이 추가 삽입되어 볼류트에 비해 제작 기간 및 원가상승 요인이 크다. 구조가 볼류트형보다 복잡하여 주조(Casting) 시 작업이 어렵다.
	볼류트펌프 (Volute Pump)	볼류트형 케이싱은 구조가 간단하여 제작이 용이하다. 케이싱의 형태가 단순하여 주조(Casting)가 쉽다.	터빈형에 비해 효율이 떨어지고 소음이 있다. 케이싱이 상·하 타원형으로 기계 가공이 어렵고 정밀도가 낮다.
왕복동펌프 (Reciprocating Pump)	플런저펌프 (Plunger Pump)	가변용량(1회전당의 토출량을 변동할 수 있는 펌프)이 가능하다. 효율이 높고, 고압에 적합하다.	베어링(Bearing) 부하가 크며, 흡입 성능이 낮다. 왕복동하기에 플런저(Plunger)와 관계된 부품 마모가 빠르며, 누설이 발생해 주위를 오염시킨다. 원심펌프와 다르게 왕복동에 의한 맥동이 있다.
	다이어프램 펌프 (Diaphragm Pump)	스트로크(Stroke) 조정에 의한 정량성이 매우 좋으며, 고점성도 액체 이송에 좋다. 유압식으로 원심펌프보다 동력이 적게 소모된다. 위험하고, 슬러리(Slurry)가 포함되거나 부식성 액체 이송이 가능하다.	원심펌프와 다르게 왕복동에 의한 맥동이 있다. 왕복동에 의한 흡입 양정 손실이 있어 사용 전 수두 손실 (Acceleration Head Loss) 값을 계산해 적용해야 한다.

펌프 종류		장점	단점
회전펌프 (Rotary Pump)	기어(Gear) 펌프, 스크루(Screw) 펌프, 베인(Vane)펌프	저 비용 펌프로 정압 · 정량성이 있으며, 고점성 액체 이송이 좋다. 구조가 간단하며, 왕복동펌프와 다르게 맥동이 없다.	왕복동펌프보다 소형 펌프가 없으며, 정량성이 떨어지고 흐트러짐이 크다. 유량 조절을 회전수로 해야 하기에 회전속도가 크다.

2) 용적형 펌프

용적형 펌프(Displacement Pump)는 왕복운동부인 플런저 및 다이어프램 부분 공간과 회전부 사이에 공간을 두어 이 공간 내에 유체를 넣으면서 차례로 내보내는 형식의 펌프이다. 터보형 펌프보다 송출 양정은 작으나 높은 송출압력, 즉 고양정을 낼 수 있어 송출압력을 제한 및 조정하는 안전밸브(Relief Valve)가 설치되어있다.

용적형 펌프는 스피드와 회전수에 비례하여 유량도 비례하며, 용적의 증가 방법에 따라 왕복식과 회전식으로 나뉜다. 왕복형(Reciprocating Type)인 플런저펌프(Plunger Pump)와 다이어프램펌프(Diaphragm Pump)는 원심펌프와 다르게 맥동이 있으나, 회전형(Rotary Type)인 기어펌프(Gear Pump)와 베인펌프(Vane Pump), 스크루펌프(Screw Pump)는 원심펌프와 같이 맥동이 없는 것이 다르다.

용적형 펌프의 특징은 운전 중 초기에 토출량의 변동이 있으나, 사용처에 필요한 토출압 도달 후에는 압력이 달라져도 토출량은 변하지 않는다는 점이다.

(1) 왕복동펌프

왕복동펌프(Reciprocating Pump)는 물놀이용으로 사용했던 주사기를 떠올리면 이해가 쉬울 듯하다. 주사기 외통을 실린더로 보고 밀대를 플런저, 흡자를 그랜드 패킹, 주사기 주입구 통 끝에 흡입 밸브와 송출 밸브를 장치한 상태로 밀대, 즉 플런저를 왕복운동시키면 왕복운동 형태가 된다. 왕복동펌프는 중저압에 적합한 피스톤 펌프와 고압 이송에 용이한 플런저펌프가 있으며, 현업에서는 두 펌프를 편의상 '플런저펌프'라 호칭해 부르고 있다. 그리고 플런저 앞에 다이어프램(Diaphragm)인 경막을 설치하면 다이어프램펌프가 된다.

다음 그림 1.8과 같이 왕복동펌프의 구조를 살펴보면 플런저가 후진 행정을 하면 실린더 속은 진공이 되고, 흡입 밸브가 열려 흡입관으로부터 흡수한 후

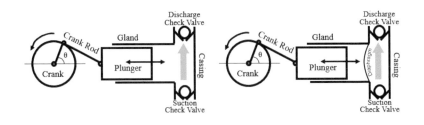

(a) Plunger Pump   (b) Diaphragm Pump

그림 1.8 왕복동펌프의 기본 구조 및 원리

플런저가 전진 행정을 하면 송출 밸브가 열리고 액체를 송출하는 방법으로 불연속적으로 액체가 방출된다. 왕복동펌프의 특징은 구조상으로 볼 때 기어박스(Gearbox) 내 웜기어(Worm Gear)와 크랭크(Crank)가 있어 전동기의 회전운동을 왕복운동으로 전환하기에 저속 운전이 될 수밖에 없고 같은 유량을 내는 원심펌프에 비해 부피가 커질 수밖에 없다.

왕복펌프는 양수량이 적으나 구조가 간단하며, 고양정(고압용)에 적당하다. 그러나 왕복동에서 생기는 송수압의 변동이 있어 현장에 따라 맥동방지기를 설치할 필요가 있다.

(2) 회전펌프

우리말로 쓰다 보니 로터리펌프를 회전펌프(Rotary Pump)로 표기하지만, 원심펌프의 회전과는 다르게 봐야 한다. 현장에선 영문 표기대로 '로터리펌프'라 한다. 원심펌프와 외관상 유사할 수 있으나 원리가 전혀 다른 용적형 펌프(Displacement Pump)에 속하며 회전자(Rotor), 베인(Vane), 기어(Gear), 스크루(Screw)의 회전으로 액체를 압송하는 펌프로서, 구조가 간단하고 취급이 용이하다.

펌프의 특징은 양수량의 변동이 적고, 고압을 얻기가 비교적 쉬우며, 점성이 있는 액체에 사용하기 좋다. 각종 석유류와 같이 중유, 석유, 휘발유, 타르, 피치, 아스팔트용이나, 식품 산업과 도자기 관련 산업, 화학 관련 산업 등에 적용해 유용하게 사용되고 있다.

회전펌프는 기름 등의 점도가 높은 액체 수송에 적합하다. 회전자의 형상이나 구조에 따라 많은 종류가 있으나, 대표적인 것으로는 베인펌프(Vane Pump), 기어펌프(Gear Pump), 스크루펌프(Screw Pump) 등이 있다. 그림 1.9는 대표적인 회전펌프의 예를 나타낸 것이다.

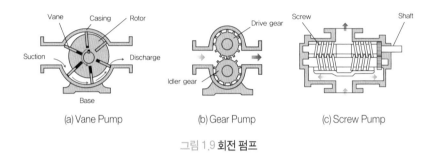

(a) Vane Pump   (b) Gear Pump   (c) Screw Pump

그림 1.9 회전 펌프

3) 특수형 펌프

특수형 펌프는 터보형 펌프 또는 용적형 펌프에 속해 있지 않은 문자 그대로 특수한 목적의 펌프들이다. 임펠러 주변에 많은 홈을 파서 회전자가 회전할 때 입구 쪽에서 홈에 들어간 액체가 케이싱에 둘러싸여 토출구 밖으로 송출되는 마찰펌프(Friction Pump), 양수관 하단의 물속으로 압축공기를 송입하여 물의 비중을 가볍게 하고 발생하는 기포의 부력을 이용해서 양수하는 공기양수펌프(Air Lift Pump), 수중에 제트(Jet) 부를 설치하고 벤튜리관의 원리를 이용하여 증기 또는 액체를 고속으로 노즐에서 분사시켜 압력 저하에 의한 흡입작용으로 양수하는 제트펌프(Jet Pump), 전기가 필요 없이 높은 곳에서 원형관 속을 흘러 떨어지는 물의 에너지만을 사용하며 그 물의 일부를 더욱 높은 곳으로 이송하는 수격펌프(Hydraulic Pump) 그리고 특정 용기의 기체를 밖으로 빼내 내부를 대기압보다 낮은 압력 상태로 만드는 진공펌프(Vaccum Pump) 등이 있다.

그 밖에 원심펌프에 속하나 형태의 특수성 때문에 캔드모터펌프(Canned Motor Pump)와 마그네틱펌프(Magnetic Pump)가 있다.

제2장

펌프의 주요 사양

1. 유량

펌프의 유량(Capacity, Q)이란 일반적으로 선정된 펌프가 원동기의 도움을 받아 외피(Casing) 내 임펠러(Impeller)를 회전시켜 일정한 시간 내에 이송시키는 유체의 양을 의미한다.

펌프의 유량은 기본적으로 케이싱과 임펠러 형태 및 크기로 결정되고 원동기가 이를 커버해 줘야 한다. 다른 방법으로 임펠러의 속도를 올려서 펌프 유량을 증가시킬 수도 있다. 예를 들어 고객사에서 유량(Q)이 6m³/hr(150L/Min.)에 양정(H)은 30m 사양을 요구할 때 펌프를 선정한다면 그림 2.1과 같이 펌프 제작사의 고유특성 커브를 가지고 점선과 같이 선정하면 된다.

앞의 그림 2.1과 같이 펌프 특성 커브상에 6m³/hr(Q)×30m(H) 사양이 포함되어 적합한 펌프로 선정할 수 있으며, 효율(Efficiency)은 38%, NPSHr 값은 1.2m, 예상동력은 2kW로 표시되어있다.

펌프의 용량은 취급 유체의 체적유량으로 나타내며, 유량의 단위로는 m³/Min(매 분당 세제곱미터), m³/Hr(매 시간당 세제곱미터), LPM(매 분당 리터), T/Hr(매 시간당 톤) 등을 많이 사용한다.

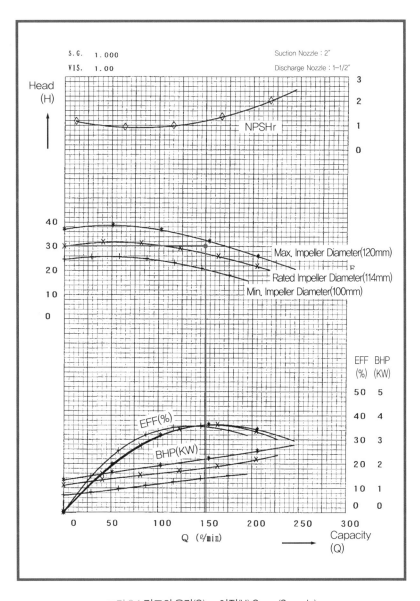

그림 2.1 펌프의 유량(Q) × 양정(H) Curve(Sample)

2. 전양정

양정(Head, H)은 그림 2.1을 가지고 펌프선정 시 유량과 함께 가장 중요한 선정 요소 중 하나로 이야기한 바 있다. 펌프를 이용하여 유체를 이송 및 공급할 때 펌프가 유체를 끌어 올리는 높이를 양정이라 하며, 펌프 중심에서 배출 수면까지 높이를 배출양정(Discharge Head), 흡입 수면에서 펌프 중심까지 높이를 흡입양정(Suction Head), 그리고 여기에 마찰 등에 의한 손실수두(Loss Head)를 합한 높이를 전양정(Total Head)이라 한다.

• 전양정 = 실양정(흡입양정+토출양정)+손실양정(마찰 손실수두+포화증기압에 따른 수두 차이)

현장에서 간혹 제작공장에서 시험한 양정보다 낮게 나오는 경우가 있는데, 이는 실양정은 펌프 배관과 유체의 마찰, 와류, 배관 모양, 포화증기압 등을 고려하지 않은 양정이기 때문이다. 그러나 실제는 이런 마찰과 증기압 등은 반드시 존재하므로 실양정에 따라 외부요인들 역시 고려하여 펌프의 전양정을 계산해 펌프를 선정해야 한다.

3. 효율

펌프는 원동기에 의해 임펠러를 회전시킴으로 필요로 하는 양의 유체를 원하는 높이(압력)까지 이송하고 올리는 일을 할 때, '펌프의 투입 에너지 대비 얼마나 많은 에너지가 유체에 에너지로 전환되었는가?' 하는 것을 펌프의 효율(Efficiency)이라 한다. 동력전달과정에서 펌프 내부의 유체 마찰에 의한 압력 손실과 누설 손실, 기계 손실 등의 영향을 미치기에 효율은 100%가 될 수 없다. 내부 손실은 유량이 적은 펌프일수록 그 비율이 커져 효율이 낮고, 유량이 많아질수록 효율이 높아진다.

4. 수동력

수동력(Water Power 또는 Hydraulic Power)은 펌프가 유체의 속도와 압력을 높이기 위해 주는 에너지, 즉 외피(Casing) 내 임펠러(Impeller)가 유체를 토출시키는 이론 동력이다.

펌프를 사용하여 특정 밀도 $\rho(\mathrm{kg/m^3})$를 가지는 액체를 토출량 $\mathrm{Q(m^3/sec)}$로 전양정 H(m)까지 이송할 때 펌프는 ρgQH의 동력을 액체에 가하게 되고, 이 이론치 값을 펌프의 수동력 $\mathrm{P_h}$라고 한다. 수동력 $\mathrm{P_h}$는 다음과 같이 계산한다.

$$P_h[W] = \rho gQH$$

여기서, $P_h[W]$: 수동력

ρ : 단위질량$(\mathrm{kg/m^3})$

g : 중력 가속도$(9.8\mathrm{m/s^2})$

Q : 펌프의 토출량$(\mathrm{m^3/sec})$

H : 펌프의 전양정(m)

예를 들어 물 기준 하루 3,456m³를 20m 높이로 보내야 한다고 하자.

위 예를 숫자로 나타내면, 물 기준이기 때문에 비중량은 1,000, 유량 3,456m³/day는 0.04m³/sec, 양정은 20m가 된다.

상기 공식을 대비해 쉽게 풀어 쓰면 다음과 같다.

수동력(kW) = 비중량(kg/m³) × 중력가속도(9.8m/sec²) × 유량(m³/sec) × 양정(m) / 1,000(W를 kW로 변환하기 위한 수)가 된다.

수동력 P_h[kW] = 1,000 × 9.8 × 0.04 × 20

= 7,840 ÷ 1,000

= 7.84kW

다른 수동력 계산방법으로는 0.163 × Q(m³/min) × H(m)가 있으며, 계산식에서 '0.163'은 물의 비중량 1,000 ÷ 102(1kW = 102kgf · m/s) ÷ 60(m³/sec를 m³/min으로 변환을 위한 수) = 0.163이 된다.

5. 축동력

축동력(Ps)은 모터에서 펌프 샤프트로 에너지를 전달하는 데 필요한 동력으로 수동력(P_h)에서 펌프의 효율(μ_p)을 나눠주기에 펌프의 효율에 따라 달라지게 돼 있다.

축동력(Shaft Power)은 샤프트(Shaft), 커플링(Coupling), 베어링(Bearing) 등의 기계 마찰손실이나 수력손실, 누출손실 등이 발생하기 때문에 이론치인 수동력보다는 커지게 된다. 따라서 펌프의 효율 μ_p를 적용한 단위시간 당 펌프가 실제로 한 일을 축동력 Ps라고 한다.

축동력 Ps는 다음과 같이 계산한다.

$$Ps = \frac{P_h}{\mu_p}$$

6. 소요동력

소요동력(Total Power)은 펌프 출력을 위해 필요한 모터 자체동력이다. 즉, 펌프에 주어지는 전기적 에너지가 운동에너지로 변환될 때 샤프트(Shaft)에 전달되는 모터 동력(Motor Power)을 의미한다. 이러한 에너지 손실을 고려하여 소요동력(P_m)은 축동력(P_s)에 여유율 α를 곱해 구한다. 일반적인 여유율은 10~15%가 된다.

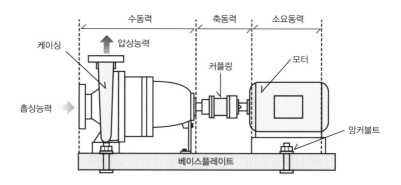

그림 2.2 **펌프 동력의 위치 및 정의**

$$P_m = P_s * (1 + \alpha)$$

펌프의 수동력(Water Power)은 이론 동력이며, 축동력(Shaft Power)은 제동동력이며, 소요동력(Total Power)은 모터 동력으로 보면 된다. 세 가지 동력에 대한 정의는 그림 2.2를 보면 이해가 쉬울 듯싶어 참조하기 바란다.

7. 모터 선정 시 여유율

모터 선정 시 여유율은 미국석유협회(API)에서 아래와 같이 모터 kW별로 권장하고 있어 업무에 참조하면 좋을 듯하다.

18.5kW 이하 125%

22~55kW 115%

75kW 이상 110%로

펌프 소요동력보다 커야 한다.

제3장

펌프의 구조와 종류

1. 원심펌프

1) 원심펌프의 주요 구성요소

앞에서 설명한 바와 같이, 원심펌프는 터보 기계 가운데 하나로 원동기에 의해 기계적 회전운동 에너지를 유체의 수력학 에너지로 변환해주는 회전 기계로 흡입과 토출을 통해 유체를 원하는 곳으로 이송하는 편리한 기계장치이다. 정유 및 석유화학 공정뿐만 아니라 일반 산업현장에서 가장 널리 사용되는 대표적인 회전 기계인 원심펌프의 일반적인 구조 및 구성 부품은 그림 3.1 과 같다.

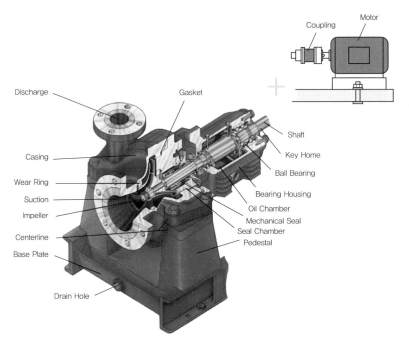

출처 : Goulds Pump Catalouge 자료 인용 및 수정

그림 3.1 일반 원심펌프의 구조 및 구성 부품

① 케이싱(Casing)

케이싱은 원심펌프에서 핵심부품 가운데 하나로 임펠러(Impeller)가 들어 있는 케이스로 달팽이 껍질처럼 생겼다고 보면 이해가 쉽다. 기본적으로 그림 1.1과 같이 볼류트(Volute)와 일체형으로 된 케이싱과 디퓨저(Diffuser)라는 별도 부품과 조립된 케이싱이 있다. 케이싱은 볼류트와 디퓨저의 도움을 받아 임펠러에 의해 액체에 가해진 속도에너지를 압력에너지로 전환하는 역할과 흡입구와 토출구를 통해 액체이동을 쉽게 하며 통로 역할을 한다. 케

이싱은 압력을 받는 부위로, 대부분 주물로 제작되며, 액체의 온도, 압력 및 부식성에 따라 재질과 형태, 두께 등이 선정된다.

② 임펠러(Impeller)

임펠러는 회전차나 날개차로 불리며, 케이싱 흡입구를 통해 흡입된 액체를 빠른 속도로 회전시켜 원심력으로 액체에 속도에너지를 가해주는 역할을 한다. 이는 원심펌프에서 케이싱과 함께 가장 중요한 부품 중의 하나이다.

원심펌프의 대표적인 임펠러 형태로는 다음 그림 3.2와 같이 밀폐형(Closed), 반개방형(Semi-Open Impeller) 그리고 개방형(Open)이 있다. 임펠러는 원심펌프의 핵심부품에 맞게 펌프의 성능, 효율 등을 결정하게 되는데, 임펠러 형식과 특징은 다음과 같다.

표 3.1 임펠러 타입별 특징

임펠러 형태 (Impeller Type)	측판(Side Shroud) (유 / 무)	효율 (Efficiency)	필요흡입수두(Net Suction Positive Head required)	이물질 이송능력 (Cloggy Fluid Handling Capability)
밀폐형 회전차 (Closed Impeller)	날개 앞뒤에 있음.	고효율	낮음(임펠러 내 액체 저장공간이 우수함)	고양정 펌프에 장착하며, 이물질 액체 이송엔 취약해 사용을 지양함.
반개방형 회전차 (Semi-Open Impeller)	한쪽에 있음.	오픈보다 고효율	낮음(임펠러 내 액체 저장공간이 오픈보다 양호함)	저양정 펌프에 장착되며, 이물질 액체 이송엔 오픈보다 취약해 약 7~8mm 크기까지 사용됨.

임펠러 형태 (Impeller Type)	측판(Side Shroud) (유 / 무)	효율 (Efficiency)	필요흡입수두(Net Suction Positive Head required)	이물질 이송능력 (Cloggy Fluid Handling Capability)
개방형 회전차 (Open Impeller)	없음	저효율	높음(임펠러 내 액체 저장공간이 낮음)	소유량 펌프에 장착되며, 이물질 액체 이송에 용이하나, 마모가 잘됨.

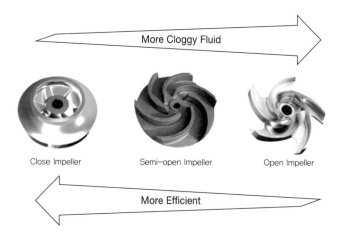

그림 3.2 **임펠러 타입**

③ 노즐(Nozzle)

펌프 케이싱에서 설명한 바와 같이 기본적으로 케이싱에 붙은 흡입구와 토출구로 상대 배관과 연결되어 액체 이송이 쉽도록 도와주는 부분이다.

노즐(Nozzle), 즉 구경 크기는 펌프의 최대운전 유량에 따라 결정되고, 노즐에 붙은 플랜지(Flange) 등급(Rating)은 액체의 온도 및 압력에 따라 결정된다. 일반적으로 펌프의 전·후단은 토출구 플랜지(Flange) 등급에 따라 토출구와 동일한 등급으로 선정된다. 그러나 왕복동펌프와 같은 체크밸브(Check Valve)가 장착된 펌프에는 플랜지(Flange) 등급(Rating)을 흡입구와 토출구를 다르게 가져갈 수 있다.

④ 베이스플레이트(Baseplate)

베이스플레이트는 원심펌프의 메인 구성 부품은 아니지만, 펌프 본체와 모터, 씰리저브(Seal Reserver) 등 각종 부속품 및 배관 등이 설치되는 기초 철구조물로, 기본적으로 콘크리트 기초 위에 설치되는 중요한 품목이다.

이런 베이스플레이트는 주물 형태로 만드는 경우와 사이즈 조정에서 용이한 철판을 용접하여 만드는 경우가 있다. 두 가지 방법 모두 펌프와 모터를 베이스플레이트에 올려 체결 시 평행하게 정렬(Alignment)시키는 것이 핵심이며, 펌프와 모터를 베이스플레이트 베드에 정렬 시 펌프를 기준점으로 잡아 고정 후 모터를 부속설비로 제작 공차를 둬 쐐기(Shim Plate)를 이용해 보정할 수 있게 한다.

베이스플레이트가 충분한 강도를 갖지 않으면 운반 도중 취급 부주의나 배관에 미치는 힘으로 펌프가 뒤틀려 진동의 원인이 될 수 있어 주의를 요한다.

설치 시 수평계 및 쐐기(Shim Plate)를 사용해 베이스플레이트의 베드를 평행하게 조정하고, 콘크리트 작업 베드의 수평 작업이 끝난 후 기초 볼트를 완전히 체결한 뒤 시멘트 혼합물을 완전히 주입, 1주일 정도 완전히 양생 후 정렬(Alignment)을 한 번 더 마지막으로 봐야 한다.

이때 베이스플레이트 내부에 그라우팅(Grouting)을 채워서 좀 더 보강하는 것이 기계의 운전이나 기타 여러 가지 측면에서 좋다.

⑤ 페데스탈(Pedestal)

API610펌프인 센터라인 마운트(Centerline Mounted) 방식의 케이싱의 양옆 쪽 허리를 잡아 베이스플레이트에 설치하기 위한 받침대 역할을 하는 구성품이다. 특히 운전온도가 300℃를 초과하는 열매유(Hot Oil) 같은 공정은 펌프의 받침대(Pedestal)의 열팽창을 줄이기 위해 냉각수를 공급해야 하는 요구 사항이 있으니 주의를 해야 한다.

⑥ 샤프트(Shaft)

케이싱 내 임펠러 등의 회전되는 부품을 지지하고 잡아주고, 모터의 동력을 전달하는 역할을 한다. 액체와 접촉되는 경우에는 액체의 부식성을 고려해 재질 선정을 해야 한다.

⑦ 커플링(Coupling)

모터에 붙은 축봉(Shaft)과 운동에너지를 일으키는 회전차 임펠러에 붙은 축봉을 연결해 주는 연결고리 장치이다.

⑧ 마모링(Wear Ring)

마모링은 케이싱과 임펠러 간 직접 터치를 방지해 임펠러를 보호하고, 틈새 기밀 유지를 위해 케이싱과 임펠러에 각각 부착된 링(Ring)으로 허용치

이상 마모 시 마모링(Wear Ring)만 교체하면 경제적으로 케이싱과 임펠러를 관리할 수 있다.

⑨ 인듀서(Inducer)

그림 3.1에는 표기돼 있지 않지만, 흡입 성능을 향상시키기 위하여 원심펌프 임펠러의 직전 동축에 설치되는 축류 보조 임펠러 형태이다.

⑩ 메카니컬씰(Mechanical Seal)

일반 원심펌프(Conventional Centrifugal Pump)에서 메카니컬씰은 바늘과 실과 같은 존재라 하겠다. 모든 회전 기계, 특히 펌프는 각각 구조에서 보듯이 펌프 몸체인 외피(Casing) 내 임펠러(Impeller) 부분과 구동부 모터(Motor) 부분으로 크게 나뉜다. 펌프 몸체와 모터는 축(Shaft)을 이용해 연결하는데 양쪽을 잡아 하나의 회전체로 연결하는 것이 커플링(Coupling)이다.

여기서 커플링 전에 외피 내 임펠러에 축이 연결되어 가교역할을 하는데, 축은 동력에 의해 회전되는 부분이라 밀봉장치가 필요하다. 밀봉장치는 고무링(Elastomer Ring), 그랜드 패킹(Gland Packing)과 씰(Seal), 즉 메카니컬씰이 현존하는 누설방지 장치이다. 이 중에 메카니컬씰이 현존하는 밀봉장치 중 펌프 케이싱에서 외부로 누설되는 것을 최소화할 수 있다.

그림 3.3과 같이 메카니컬씰은 기계적인 구조를 갖춘 1차와 1차 씰 페이스(Seal Face)가 샤프트(Shaft)에 수직된 섭동면(고정부, 회전부)으로 구성되어 한 면이 회전축과 함께 회전하며 스프링의 장력 혹은 유체의 압력으로 회

전부의 밀봉을 지속해서 유지하는 축 씰링장치이다.

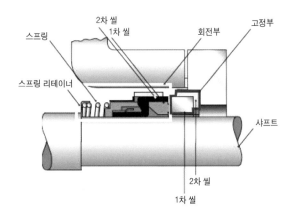

그림 3.3 메카니컬씰의 구조 및 주요 부품

아래 표 3.2 차이점에서 보듯이 초기의 밀봉장치로는 고무링(Elastomer Ring)이나 그랜드 패킹(Gland Packing)을 이용하여 누설방지를 하였으나, 이러한 방법은 일정량의 누설을 허용하여야만 했다.

표 3.2 Mechanical Seal vs Oil Seal vs Gland packing의 차이점

	Mechanical Seal	Oil Seal	Gland Packing
구조	부품수가 많고 복잡하나, 부품의 정밀도가 높음.	부품수가 적고 간소하나, 부품의 정밀도가 낮음.	부품수가 적고 간소하나, 부품의 정밀도가 낮음.

	Mechanical Seal	Oil Seal	Gland Packing
누설량	고압 조건에서도 누설이 방지되거나 최소로 억제할 수 있다.	아주 낮은 압력에서는 사용할 수 있으나 1kg/cm² 이상에서는 사용 불가	윤활을 위해서 100∼299cc/Hr의 누설. 압력과 비례하여 Leakage 증가
펌프	부품의 마모현상이 없음.	Shaft의 마모가 발생함.	Stuffing box와 Shaft / Plunger에 직접 압력을 가하므로 마모 현상이 발생함.
동력	접촉면이 Seal face에 국한되며 마찰계수가 적어 동력손실이 거의 없다.	Casing 외벽, Shaft와 접촉압력이 높아서 접촉저항에 따른 동실 동력이 많다.	Casing 외벽, Shaft와 접촉압력이 높아서 접촉저항에 따른 동실 동력이 많다.
보수	섭동면(밑봉단면)의 마모가 스프링 장력, 유체의 압력에 의해 자동 보상	시간과 더불어 Shaft의 마모가 발생하여 누설량 증가. 빠른 교체 필요	시간과 더불어 누설량이 증가하고 주기적으로 End Plate의 조정이 필요하므로 압력손실이 크다.
수명	수명이 길어 장기간 연속운전이 가능하고 별도의 점검 기간이 불필요하다.	수명이 짧아 사용 기간 내 정기적인 보수가 필요하고 교환 및 점검 기간 필요	수명이 짧아 사용 기간 내 정기적인 보수가 필요하고 교환 및 점검 기간 필요
설치	초기 설치비는 많이 들지만, Running Cost가 낮고 교체, 가동중단에 의한 Loss Time 비용이 없다.	초기 금형비가 비싸며 Shaft의 마모가 발생하여 Running Cost가 비싸다.	초기 설치비는 저렴하지만, Running Cost가 대단히 비싸다(인건비, Loss Time 비용).

출처 : 극동씰테크㈜, http://www.kdseal.co.kr/Korea/TechnologyInfo/Mechanica_seals/

메카니컬씰의 정의와 구성을 이해했다면 Mechanical Seal에도 API 규정이 적용되어 API682란 기준이 있다는 점을 알아야 한다. 샤프트씰(Shaft Seal) 형태에 대한 설치 및 구성, 즉 씰플랜(Seal Plan)이 있어 씰 형태와 씰 플랜을 아래 표 3.3과 같이 정리했으니 현업에서 참조하면 도움이 될 듯하다.

표 3.3 Mechanical Seal Type & Plan

	사용 용도	씰플랜(Seal Plan)
싱글씰 (Single Seal)	물 이송 시 주로 사용하며, 특수한 화학적 성질을 가지지 않은 액체일 때, Stuffing Box 내의 유체로 Cooling, Flushing이 가능할 때	Plan 01, Plan 02, Plan 11, Plan 13, Plan 14, Plan 21, Plan 23, Plan 31, Plan 32, Plan 41
더블씰 (Double Seal, Dual Seal)	유체가 독성물질일 때, HC(Hydrocarbon) Pump > 자연발화온도일 때, 증기압이 높은 유체일 때, 부식성 액체일 때	Plan 52, Plan 53A, Plan 53B, Plan 53C, Plan 54
퀀치씰 (Quench Seal)	저온 액과 씰 페이스(Seal Face)에서의 Cokes(코크스) 또는 Crystallization(결정화)을 방지하기 위해서 Water, Steam, N2 등을 사용하여 담금질(Quenching)할 때	Plan 61, Plan 62, Plan 65, Plan 66
가스씰 (Gas Seal)	증기압이 높은 유체나 폴리머(Polymerzing)가 발생되는 유체일 때, Double Seal에서와 마찬가지로 2차 씰링(Secondary Sealing)을 함에 있어 가스(Gas) 사용	Plan 72, Plan 74, Plan 75, Plan 76

앞의 표 3.3에 숫자로 기재된 씰플랜은 복잡할 수 있으나 간단하게 설명하자면 펌프에 메카니컬씰을 사용하면서 펌프 케이싱 후단부 축에서 외부로 누설되는 것을 최소화하고 고속으로 회전하는 메카니컬씰의 온도를 낮추어 주기 위해서 메카니컬씰 외부에서 펌프가 이송하는 유체와 섞여도 문제가 없는 유체를 공급하는 방법이다. 즉, 이물질이 없는 깨끗한 유체를 공급하는 것을 의미한다.

현장 공무팀에게 자주 듣는 얘기지만 아무리 좋은 메카니컬씰이라 할지라도 씰 장착 시 잘못 조립한다든지, 이송 유체의 부식성 등 특성에 불일치되는 재질을 선정한다든지, 이물질이 유입된다든지, 씰(Seal) 주액(Flushing Fluid) 부족 및 오염 등에 의해 파손이 되기에 메카니컬씰 선정 및 관리가 상당히 중요하다고 한다.

'VOC(휘발성 유기화합물, Volatile Organic Compound)' 규제 강화로 벤젠(발암성), 에틸렌, 프로필렌 등과 같이 증기압이 높아 대기 중으로 쉽게 증발할 소지가 있는 유체에 대한 관리 감독이 강화되는 시기에 메카니컬씰의 역할이 막중하다 하겠다. 물론 메카니컬씰 생산업체는 싫어하겠지만 사양에 따라 캔드모터펌프(Canned Motor Pump)와 마그네틱펌프(Magnetic Coupled Pump)도 좋은 대안이 될 수 있다. 둘 다 원심펌프의 일종으로 다음 펌프구조편에서 다루도록 하겠다.

⑪ 씰챔버(Seal Chamber)

베어링 하우징(Bearing Housing)이 베어링이 설치되는 부분인 것처럼 씰

챔버도 메카니컬씰이 설치되는 공간으로, 스터핑 박스(Stuffing Box)라고도
한다.

⑫ 베어링 하우징(Bearing Housing)

축봉(Shaft)을 지지하는 베어링(Bearing)이 설치되는 케이스로 베어링을
윤활시키기 위한, 윤활유를 저장하는 공간이라고도 할 수 있다.

⑬ 오일링(Oil Ring)

축봉(Shaft)의 회전과 같이 회전하면서 베어링 하우징(Bearing Housing)
내 고여 있는 윤활오일(Lubricant Oil)을 발산시켜 베어링(Bearing)에 윤활
유를 공급해주는 부품이며, 축봉의 손상을 방지하기 위해 연질 금속이 사용
된다.

⑭ 오일씰(Oil Seal)

표 3.2와 같이 펌프 베어링 하우징(Bearing Housing) 내부의 오일(Oil)이
축봉(Shaft)으로 새지 않도록 설치하는 밀봉장치 중 하나로, 재질은 연질의
금속이나 고무 계통의 재질이 사용되는 것이 일반적이다.

앞에서 살펴본 부품 외에도 메카니컬씰에 액체와 압력을 공급 및 유지해
주는 리저버(Reservoir) 등의 크고 작은 구성품이 있다.

2) 원심펌프의 종류

(1) OH1펌프

펌프의 구조에 앞서 우선 'API OH 6형제 펌프(OH1~OH6)'가 오버헝 (Overhung) 임펠러(Impeller) 타입이기에 'OH펌프'로 불린다는 점을 알아 야 한다. 따라서 오버헝과 API(미국석유협회, American Petroleum Insti- tute)에 대해 간단히 이해하고 넘어가자.

API는 미국 정유회사, 유전개발회사, 관련 설비 제조업체들이 필요에 의 해 설립한 비영리단체이다. 이번에 다루게 될 대표적인 원심펌프 형태 및 구 조는 API 표준 중 API610에 해당한다.

오버헝(Overhung)은 발음만큼이나 우리말로 이해하기 힘든 전문용어이 다. 개인적인 의견이지만 오버헝뿐만 아니라 기계적인 전문용어는 영어 그 대로 이해하는 것이 더 쉬울 수도 있다. 오버헝은 한쪽에서만 잡아주는 형 태로 추처럼 매달려 있는, 즉 횡축(Horizontal Shaft) 또는 수직축(Vertical Shaft) 끝단에 매달려 있다고 보면 이해하기 쉽겠다.

API610 펌프와 API가 아닌 펌프의 가장 기본적인 기준은 펌프, 즉 케이 싱(Casing)을 어떻게, 얼마나 튼튼하게 고정해 주느냐이다. 기본적으로 API 펌프는 케이싱 측면인 허리 쪽을 잡아주는 중심선지지(Centerline Mount- ed) 방법을 채택하며, 비API 펌프는 다리 형태의 바닥 지지(Foot Mount- ed) 방법을 채택하고 있다.

물론 API에서 펌프 몸체, 즉 케이싱을 지지하는 형태는 펌프가 이송할 액체의 온도 및 압력 등에 따라 구분하고 있어 항상 중심선지지(Centerline Mounted) 방법을 채택하고 있는 게 아니기에 API에 대한 설명은 차후 '제4장 펌프 관련 기술용어'편에서 세부적으로 다루도록 하겠다.

OH1펌프는 오버형 임펠러(Overhung Impeller) 형태의 단단 펌프로, 바닥 지지(Foot Mounted)식으로 케이싱 바닥에 발이 달려 펌프 베이스플레이트(Baseplate)에 고정하는 펌프이다. OH1펌프의 영문 표기는 'Foot-mounted Single-stage Overhung Type'이다. 앞에서 언급했듯이 기계적인 전문용어는 영어 그대로 이해하는 것이 더 쉬울 수 있어 앞으로 영어 또는 한영으로 표현하기로 하겠다. 일반적으로 OH 펌프들은 그림 3.4와 같이 액체가 앞쪽으로 유입(End-suction)되어 위로 토출(Top-discharge)

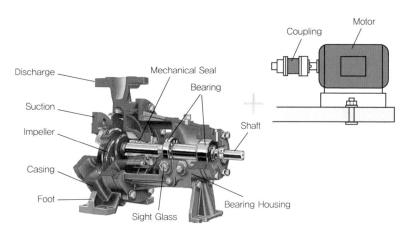

출처 : Kehuan Catalogue 자료 인용 및 수정

그림 3.4 **OH1펌프 구조**

되는 구조로 OH1펌프도 같은 구조이다.

OH1펌프는 API610 펌프임에도 불구하고 입형타입(In-Line Pump)을 제외하고 유일하게 센터라인 마운트(Centerline Mounted) 고정 방식이 아닌 풋마운트(Foot Mounted) 고정 방식을 채택하고 있어 API610 펌프라 하기엔 부족함이 있어 보이지만, 그래도 주관이 확실한 펌프임에 틀림없다.

OH1펌프는 풋마운트 고정 방식을 채택하고 있어 정유 정제 또는 가스처리와 같은 헤비 듀티 서비스(Heavy Duty Service)[2)]가 아닌 화학공업, 석유화학공업 및 여러 산업 분야 등 라이트 듀티 서비스(Light Duty Service)[2)]에 널리 사용되고 있다. 어느 공정에 사용하느냐에 따라 다르지만, 일반적으로 단순한 메카니컬씰 시스템(Mechanical Seal System)을 적용하거나 고무링(Elastomer Ring), 그랜드 패킹(Gland Packing) 같은 밀봉장치를 사용하는 경우도 있다.

그러다 보니 현장 어디에서나 유용하게 적용하기 적합한 펌프라고 개인적으로 생각하고 있으며 현장에서도 자주 듣는 말이다. 그러나 저온과 고온 라인에 적용 시 주의가 요구된다. 펌프, 특히 접액부 구성이 금속이다 보니 온도변화에 민감해 온도에 따라 케이싱(Casing)과 풋마운트(Foot Mounted) 부위에 수직 방향과 수평 방향으로 팽창과 수축을 반복하게 되면서 풋마운트 부분에 손상이 갈 수 있고, 심할 경우 간혹 케이싱과 플랜지(Flange) 부위에 크랙(Crack)이 발생할 수도 있다. 이에 TPM(Total Productive Mainte-

....

2) 어떤 제품 또는 부품에 대한 성능이나 기능의 강도를 나타내는 말

nance) 차원에서 운전 전후 워밍업을 충분히 실시해 온도 차를 최소화해야 한다.

OH1펌프를 설명하면서 거론된 일반 원심펌프(Conventional Centrifugal Pump)에선 빼놓을 수 없는 메카니컬씰, 헤비 듀티(Heavy Duty)와 라이트 듀티(Light Duty)의 의미 그리고 펌프 베이스플레이트(Baseplate)에 대해 간단하게 이해하고 가는 것이 펌프구조의 이해 및 현업에서 적용하는 데 도움이 될 듯하다.

(2) OH2펌프

OH2는 API 펌프의 가장 일반적인 형태로 센터라인 마운트(Centerline Mounted) 방법을 채택하고 있어 그림 3.5와 같이 케이싱(Casing) 양옆 쪽 허리(Centerline)를 잡아준 상태에서 똑바로 서 있다. 그리고 펌프와 동력원 모터가 한 스키드(Skid)에 나란히 올라갈 수 있게 돼 있으며, 보통은 복잡한 메카니컬씰 시스템(Mechanical Seal System)도 필요 없다.

OH2펌프의 영문 표기는 'Centerline-mounted Single Stage Overhung Pump'로 액체가 앞쪽으로 유입(End-suction)되는 단일 베어링 하우징(Single Bearing Housing)이 있는 수평 중심선 장착 단일 스테이지 오버헝(Single Stage Overhung)펌프이다.

OH2펌프는 센터라인 마운트(Centerline Mounted) 지지 방법을 채택하고 있는 것을 보듯이 OH1펌프와 확연히 다른 차이를 보인다. OH2펌프는

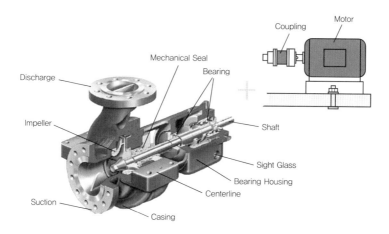

출처 : Flowserve Catalogue 자료 인용 및 수정

그림 3.5 **OH2펌프 구조**

외형만 보더라도 기본적으로 API610에서 기준으로 제시하는 헤비 듀티 서비스(Heavy Duty Service)에 맞게 설계압력 4MPa 이상으로 3년간 무고장 연속운전 및 20년간 사용할 수 있도록 설계되어 있다는 것을 알 수 있다. 여기서 무고장이란 회전 기계에 맞게 내부 소모품은 제외한 상태를 의미한다.

OH2펌프는 API610 펌프의 선봉장으로, 주로 정유 및 가스처리에 쓰는 공정 펌프로 정유 및 석유화학 공정에는 API610 OH2펌프 등을 적용하는 것을 원칙으로 하는 편이다.

OH2펌프의 주요 적용은 칼럼 환류(Column Condensate), 핫오일(Hot Oil), 보텀(Bottom), 보일러(Boiler), 리엑터 피드(Reactor Feed), 인젝션(Injection), 스크러버 순환(Scrubber Circulation), 폐경유, 중질경유, 탄화수소 이송 등에 사용된다.

OH2펌프는 OH1펌프보다 고가이므로 일반 화학 공장, 산업설비 또는 유틸리티 서비스엔 적용하지 않고 OH1펌프나 ASME / ANSI B73.1MS, ISO5199, KSB7501 등 표준품을 사용할 것을 추천한다. 이런 표준품은 가격 및 납기 면이나 제작업체가 다르더라도 표준품이다 보니 호환성 면에서 편리하고 경제적이기에 적극적으로 활용하는 것이 좋다.

(3) OH3펌프

OH3의 영문 표기는 'Vertical In-line Single-stage Overhung Pump with Separate Bearing Bracket'으로 그림 3.6과 같이 액체가 외피(Casing) 측면으로 유입(Side-suction)되어 반대 측면으로 토출되는 형태로 별도 베어링 브래킷(Separate Bearing Bracket)이 있는 수직입형 단일 스테이지 오버헝(Vertical In-Line Overhung)펌프이다. 그래서 입형 타입 또는 인라인펌프(In-Line Pump)라고 불리며, 일반적인 수평 타입 펌프와 다르게 동심원 케이싱을 채택해 경량화된 콤팩트 디자인과 흡입구와 토출구를 180도로 나란히 배열하여 일직선상으로 곡관 없어 배관 설치를 할 수 있어 최소의 설치면적과 기초공사가 쉽다. 게다가 초기 투자비를 줄일 수 있는 장점이 있다.

OH3펌프는 인라인펌프(In-Line Pump) 가운데 API610에 가장 부합되는 펌프로 봐도 무관하며, 앞에서 다룬 OH2와 유사하게 Heavy Duty Service에도 적합하다. API610에 부합한다는 의미는 'Vertical In-Line

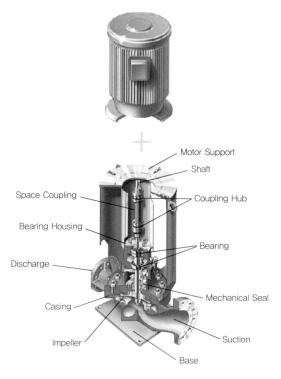

출처 : Flowserve Catalogue 자료 인용 및 수정

그림 3.6 OH3펌프 구조

Single-Stage Overhung Pump'에 대해 API에선 펌프 케이싱(Casing)과 분리가 되는 베어링 브래킷(Bearing Bracket), 즉 베어링 하우징(Bearing Housing)을 설치해야 한다고 되어있으며, 베어링 브래킷(Bearing Bracket), 즉 베어링 하우징(Bearing Housing)의 설계는 펌프의 전 부하를 견디고 흡수할 수 있도록 설계해야 한다고 요구하고 있다. OH3펌프는 펌프에 가해지는 하중을 베어링 하우징 쪽에서 흡수할 수 있도록 설계되어 모터와 연

결 시 유연성이 있는 플렉시블 커플링(Flexible Coupling)[3]이 적용되며, 이로 인해 펌프와 모터의 별도 유지관리가 가능해 경제적이다.

OH3펌프 또한 OH2펌프와 같이 정유 및 가스처리에 쓰는 공정 펌프로 정유 및 석유화학 공정에는 주로 쓰이는 편이며, OH4 또는 OH5펌프보다 고가이다.

OH3펌프의 주요 적용은 가스처리, 정유공장의 증류, CCU(Carbon Capture and Storage), 수소 처리, MTBE(Methyl Tertiary Butyl Ether, 가솔린 첨가제), 알킬화(Alkylation), 리포머(Reformer), 올레핀(Olefin), BTX(Benzene, Toluene, Xylene) 회수, 에틸렌글리콜(Ethylene Glycol), 염화비닐(Vinyl Chloride), 스틸렌(Stillen), 페놀(Phenol), 프로필렌글리콜(Propylene Glycol), 알코올(Alcohol) 등의 이송에 사용된다.

(4) OH4펌프

OH4의 영문 표기는 'Rigidly Coupled Vertical In-line Single-stage Overhung Pump'로 OH3펌프와 같이 액체가 외피(Casing) 측면으로 유입(Side-suction)되어 반대 측면으로 토출되는 인라인펌프(In-Line Pump) 형태로 API610에서 요구한 베어링을 지지하는 부분이 없으며, 펌프와 모

....

3) 서로 다른 축봉(Shaft)을 연결할 때 사용되는 연결고리 장치로 유연성이 있음.

터 축봉에 고정 커플링(Rigid Coupling)[4]으로 견고하게 결합한 수직 인라인 단일 스테이지 오버헝펌프(Vertical In-Line Single-Stage Overhung Pump)이다. 그림 3.7과 같이 고정 커플링을 채택한 수직 입형 단일 스테이지 오버헝(Vertical In-Line Overhung)펌프인 OH4펌프는 펌프 몸체와 분리된 베어링 지지 부분이 없고, 유연성 플렉시블 커플링(Flexible Coupling)이 아닌 견고한 고정 커플링으로 축봉을 결합하고 있어 API 펌프로 보

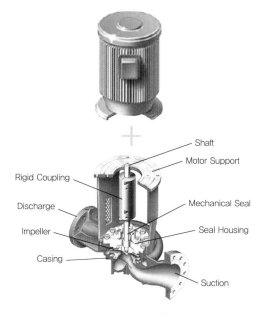

출처 : Flowserve Catalogue 자료 인용 및 수정

그림 3.7 OH4펌프 구조조

⋯⋯⋯⋯⋯⋯

4) 서로 다른 축봉(Shaft)을 연결할 때 사용되는 연결고리 장치로 유연성이 없음.

기엔 무리가 있다.

OH4펌프에는 OH펌프와 다르게 베어링 하우징이 없어 원심펌프에서 발생하는 축 방향 상하중 추력을 모터나 모터 베어링 쪽에서 견뎌줘야 하는데 다행히도 인라인펌프의 특성상 임펠러(Impeller) 등이 자체 무게중심에 의해 케이싱(Casing) 쪽으로 내려가 상부 쪽이 자동 상쇄되고 운전되면 임펠러가 회전하면서 하부추력도 약간은 상쇄되게 된다.

이러한 구조로 인해서 펌프 자체적으로 상하 추력을 조정하고 이차적으로 견고한 고정 커플링이 축봉을 한 축처럼 잡아준다 하더라도 상하 추력 계산이 중요하다 하겠다. 이런 상하 추력 계산을 간과하거나 검토를 못 할 경우 펌프 특성상 추력이나 진동 등이 고스란히 모터 쪽으로 전달되어 모터 베어링이나 씰 수명이 현격히 짧아지게 될 수 있다.

앞에서 설명한 바와 같이 OH4펌프도 인라인펌프로 최소의 설치면적과 기초공사가 쉬워 초기 투자비를 줄일 수 있는 장점도 있지만, 펌프의 축봉을 베어링으로 지지하질 않아서 모터를 먼저 분리할 경우 축봉과 연결된 임펠러가 케이싱에 닿아 부품 손상이나 수리정비에 어려움이 생길 수 있으니 대용량 펌프일 경우 주의와 대책이 필요하다.

OH4펌프의 주요 적용은 펌프 특성상 석유화학의 라이트 듀티 서비스(Light Duty Service)나 산업플랜트의 급수펌프, 소방펌프, 가압펌프 등에 주로 사용된다고 보면 된다.

(5) OH5펌프

OH5의 영문 표기는 'Closed-coupled Vertical In-line Single-stage Overhung Pump'로 모터와 밀집하게 연결된 수직 인라인 단일 스테이지 오버헝펌프(Vertical In-Line Single-Stage Overhung Pump)이며, OH4펌프와 같이 액체가 케이싱(Casing) 측면으로 유입(Side-suction)되어 반대 측면으로 토출되는 API610 인라인펌프(In-Line Pump) 형태이다. OH5의 특이한 점은 각각의 펌프 축봉과 모터 축봉이 커플링으로 연결되는

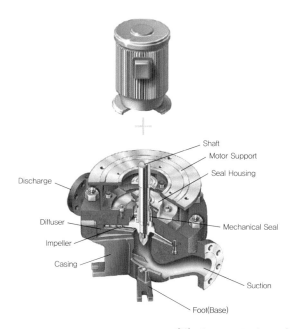

출처 : Flowserve Catalogue 자료 인용 및 수정

그림 3.8 OH5펌프 구조

것이 아니라 모터 축봉을 펌프 축봉과 공유하므로 별도의 커플링이 없는 임펠러 등의 회전체가 모터의 축봉에 직접 연결되는 형태이다.

OH5펌프는 모터 축봉에 펌프 임펠러가 부착되는 방식이다. 그래서 모터 쪽은 펌프 쪽에 맞게 축봉의 길이가 정해져야 하기에 표준품으론 불가하여 주문 제작이 요구된다. 그러나 모터의 축봉 등에 의존하는 펌프이다 보니 OH4펌프와 같이 상하 추력을 적으나마 모터 베어링 쪽에서 흡수할 수밖에 없는 구조라 모터 축봉 등을 고려해 용량에 한계가 있는 것이 단점이다.

모든 인라인펌프의 공통점은 펌프구조 장점상 최소의 설치면적과 기초공사가 쉬워 초기 투자비를 줄일 수 있는 장점뿐만 아니라 OH5펌프는 커플링이 없는 구조로 현장에서 커플링 정렬(Alignment)이 필요 없는 단순한 구조이나 펌프의 메카니컬씰(Mechanical Seal)이 깨지거나 하면 이송액체가 밖으로 누설되는 경우와 씰 교체를 위해 모터를 분리해야 하는 번거로움도 있다.

OH5펌프의 주요 적용은 펌프 특성상 석유화학 쪽보다는 OH4와 비슷하게 산업플랜트의 급수펌프, 소방펌프, 가압펌프 등과 가정용 물순환 펌프로 주로 사용된다고 보면 된다.

(6) OH6펌프

OH6의 영문 표기는 'High-speed Intergral Gear-driven Single-stage Overhung Pump'로 일반적으로 '하이스피드펌프(High Speed

Pump)' 또는 '선다인펌프(Sundyne Pump)'라고 불린다. 다른 펌프에 비해 설명이 길다. 전 세계적으로 'High-Speed Pump'는 한 업체에서만 독점적으로 생산되는데, 'Sundyne'은 제작사에서 등록한 브랜드명으로 'Sundyne Pump'라 불리는 이유이기도 하다.

OH6펌프는 그림 3.9와 같이 펌프 하우징에 일체형 기어박스(Gearbox)가 장착된 수직 단일 스테이지 오버형펌프로, 특별한 특성으로는 펌프 명에서 의미하듯이 고속운전 펌프라는 말이다. OH6펌프의 고속운전이 가능한

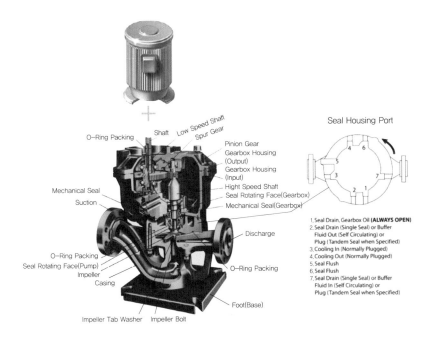

출처 : Sundyne Catalogue 자료 인용 및 수정

그림 3.9 OH6펌프(High-speed Pump) 구조

이유는 기어박스 내 증속기에서 비롯되는데, 증속기는 1단 증속과 2단 증속이 있다. 1단 증속은 모터 직결 축(Shaft)에 연결된 저속 증속기에서 모터 스피드를 받아 1차 증속을 시키며, 2단 증속은 저속 증속기에서 모터보다 증속된 스프드를 다시 고속 증속기에서 최대 26,000rpm(Compressor는 최대 34,000rpm)까지 증속하게 되는 구조이다.

OH6펌프는 지금까지 다단펌프나 왕복동펌프에 의해서만 얻어진 고양정을 고속 증속을 통한 직사 방사성 개방 임펠러를 통해 고압을 발생시킴으로써 다단펌프나 왕복동펌프가 갖고 있던 설치면적과 맥동 등의 결점들을 해결하면서 양자 펌프의 대체뿐만 아니라 OH6펌프만의 독보적인 차별화를 했다고 볼 수 있다.

이런 OH6펌프는 단지 고속으로 운전함으로써 고양정을 얻는 것이 아니라 고속운전에 적합한 동심원 케이싱과 오리피스(Orifice) 같은 디퓨저 노즐(Diffisur Nozzle) 그리고 직사 방사성 개방 임펠러(Open Impeller)를 채택한 혁신적인 원심펌프로 볼 수 있다.

원심펌프에서 상대적으로 높은 양정을 얻기 위해서는 다음 세 가지 방법을 고려할 수 있다.

첫째, 펌프를 직렬로 연결해 다단화한다.

둘째, 임펠러의 직경을 크게 하여 주속(Shaft Speed)을 높인다.

셋째, 임펠러의 회전수를 높인다.

앞의 방법 중 첫 번째의 것만이 실제로 채택해 온 유일한 방법이었으며, 두 번째의 방법을 취하려면 다음과 같은 문제점이 나타나게 된다.

$$Ns = \frac{nQ}{H}$$

여기에서, 펌프 회전수 n(rpm), 토출량 Q(m³/min), 전양정 H(m)이다.

앞의 비속도(Ns) 식에서 나타나듯이 회전수가 일정하고 유량에 대해서 양정을 늘리면 비속도(Ns)는 낮아지고 효율도 저하된다. 이것은 웨어링부에서의 역류의 증대나 원판 손실의 증대가 불가피하다.

한편, 유량을 일정하게 하고 임펠러 직경을 크게 하면 토출량은 기본적으로 임펠러 출구 면적에 비례하기 때문에 원주 길이가 증가한 만큼 출구 폭을 좁힐 필요가 생겨 극히 얇은 임펠러로 되어 결과적으로 제작 기술상의 한계에 도달한다. 또 임펠러 전·후면에 발생하는 압력 차에 의한 추력 불균형(Thrust Unbalance)도 제작상 그리고 사용상의 한계에 도달하여 이들 전체의 합계로는 비속도(Ns) 100 이하의 펌프는 실용성이 빈약해진다.

그러나 세 번째의 임펠러 회전수를 높이는 것도 종래 60Hz에서 5,600~6,000rpm 이상 증속시킬 경우 진동, 소음, 수명 등의 문제로 한계가 있었으며, 기존 임펠러를 고속으로 운전해도 외견상의 Ns의 증대만큼 효율증대가 되지 않고 공동화(Cavitation) 등에 의한 성능의 열화, 나아가서는 극도의 추력에다 고속운전의 베어링 문제 등으로 한계가 있었다.

일반적으로 다른 원심펌프도 양정을 높이기 위해 두 번째와 세 번째를 시도해 봤지만 한계점에 도달했다. 이에 반해 'High Speed Pump'인 OH6펌프는 주속(Shaft Speed)과 임펠러 회전속도를 높여 저유량 고양정을 얻은 혁신적인 펌프이다.

OH6펌프는 저유량 고양정 펌프이다 보니 필요와 사양에 따라 다단펌프와 왕복동펌프의 대체 사용이 가능하다는 얘기가 되며, 반대로 OH6펌프 대신 다단펌프와 왕복동펌프를 사용해도 된다는 논리가 성립한다. 세 가지 펌프를 간략하게 비교해 보자.

표 3.4 OH6펌프 vs 다단펌프 vs 왕복동펌프 비교표

	OH6펌프(API610)	다단펌프(API610)	왕복동펌프(API674)
펌프형식	원심펌프	원심펌프	용적형 펌프
가능 유량	Approx. 245m³/hr	Approx. 1,930m³/hr	Approx. 450m³/hr
가능 양정	Approx. 1,860m	Approx. 2,740m	Approx. 30,000m
효율	좋음	좋음	매우 좋음
압력 형성 방법	증속기를 활용한 임펠러의 회전 속도를 높임.	직렬로 임펠러를 다단으로 연결해 압력을 높임.	플런저의 왕복동 운동으로 압력을 형성해 가장 높임.
유량조절	토출 밸브로 다양하게 조절 가능	토출 밸브로 다양하게 조절 가능(By-Pass변은 선택적 요구됨)	회전수 조절(By-Pass변은 침식으로 추천 안 함)
웨어링 유/무	없음	있음	없음
NPSHr 값	낮음	중간	높음
맥동 유/무	없음	없음	있음 / 맥동방지 장치 설치로 해결 가능

	OH6펌프(API610)	다단펌프(API610)	왕복동펌프(API674)
진동	낮음	높음	높음
임펠러 하부 추력	없음	있음	없음
펌프 금액	다단펌프보다 낮음	높음	다단펌프보다 낮음
유지보수비용	일반적으로 유지보수비가 낮으나 문제 발생 시 고속 증속에 의한 메카니컬씰, 베어링, 고속축(High Speed Shaft), 기어(Gear) 등의 손상으로 부품비가 증가될 수 있음.	다단펌프로 다단 임펠러가 장착되어 각 단간의 에로존에 의한 성능 열화가 발생되어 유지보수비가 많이 듦.	플런저와 팩킹 등의 마모로 지속적인 유지비가 발생하여 유지보수비는 중간 정도 됨.
유지보수 편의성	고속운전 펌프이다 보니 숙련공이 필요함.	다단펌프이다 보니 숙련공이 필요하며, 능숙한 정렬(Alignment)이 요구됨.	중간 숙련공 정도로 유지보수가 가능함.
중량 및 설치면적	인라인펌프로 콤팩트한 설계로 인해 설치면적이 아주 적음.	다단펌프 특성상 설치면적이 매우 많이 필요하며, 기초공사가 필요함.	왕복동펌프 특성상 부피가 커서 설치면적이 많이 소요됨.

* 상기 내용은 사양(Spec)과 제품 특성에 따라 상이할 수 있다.

앞의 내용은 표 3.4와 같이 저유량 고양정인 경우 OH6펌프가 다단펌프보다 최소의 설치면적과 기초공사가 쉬워 초기 투자비를 줄일 수 있는 최적의 펌프라 생각한다. 저유량 고양정에 왕복동펌프를 적용해도 문제가 없으나 플런저 왕복동에 의한 진동과 소음에 대한 단점은 고려해야 하며, 다단펌프를 사용하게 된다면 OH6펌프보다 몇 배의 설치공간 확보와 복잡한 기초공사

작업도 고려돼야 한다.

OH6펌프는 정유 및 가스처리에 쓰는 공정 펌프로 정유 및 석유화학 공정에는 주로 쓰이는 편이며, 가압용이나 스케일 제거 등 다양한 공정에 적용 가능한 펌프로 OH 펌프 중 가장 고가이다.

(7) BB1펌프

BB펌프의 구조에 앞서 우선 'API BB 5형제 펌프(BB1~BB5)'가 'BB펌프'로 불리는 이유는 'Between Bearing'의 준말로 한쪽에서 잡아주는 OH펌프와는 다르게 양쪽에서 베어링이 안정적으로 잡아주는 구조이기 때문이다. 그래서 BB1펌프의 영문 표기는 'Axially Split One and Two Stage Between Bearing Pump'로, OH펌프로는 커버를 못 하는 고유량(High Capacity) 사양에 적합한 설계로 그림 3.10과 같이 양 흡입(Double Suction Type)의 볼류트(Volute) 구조로 그림 1.5(b)와 같이 임펠러 쪽에 흡입구 두 개가 있어 한쪽에서 유입된 유체가 임펠러에서 나누어져 양쪽으로 흡입되어 균형을 잡으며 토출되는 형태이다.

이런 단단형 고양정 처리 구조로 인해 모터 쪽에서 가까운 쪽에 횡축 하중(Radial Load)이 주로 걸려 레이디얼베어링(Radial Bearing)을 장착하고, 모터 쪽과 먼 반대쪽은 축하중(Axial Load)도 걸리기 때문에 스러스트베어링(Thrust Bearing)을 장착해 펌프의 안정성이 높아진 구조라 보면 된다.

BB1펌프는 양 흡입 임펠러로 인해 양 흡입 펌프로 불려 혼선이 있는데,

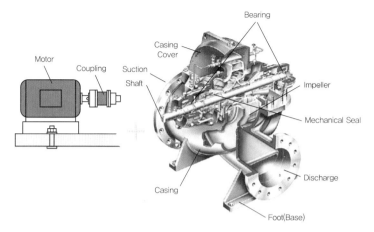

출처 : Flowserve Catalogue 자료 인용 및 수정

그림 3.10 **BB1펌프 구조**

인라인펌프와 유사하게 180도로 흡입구와 토출구로 구성돼 있어 구분은 구경이 큰 쪽이 흡입구로 보면 된다. 이런 혼선으로 현장에서 설치 시에 흡입구 방향을 바꾸어 설치할 수 있으니 주의가 요구된다.

BB1펌프는 보통 유량이 큰 경우에 사용하며, OH1펌프와 같이 풋마운트(Foot Mounted)이기 때문에 API610 펌프로 분류하기엔 무리가 있는 펌프이다. 이런 이유로 좋은 펌프임에도 불구하고 정유 및 석유화학 공정에서는 사용하지 않고 있으며, 주로 산업현장이나 유틸리티(Utility) 분야 냉각수 펌프로 사용된다.

(8) BB2펌프

BB2펌프의 영문 표기는 'Radially Split One and Two Stage Between Bearing Pump'로 그림 3.11과 같이 흡입구와 토출구가 기본적으로 나란히 하늘을 보고 있어 일반적으로 '탑(Top) 탑(Top) 펌프'라 부르기도 한다. BB 펌프는 고양정 고유량을 커버하는 게 핵심인데 BB2펌프부터 두 사양에 적합하게 설계되어 제작된 API610 펌프로 보면 된다.

BB1펌프와 같이 양 흡입 임펠러를 채택하고 있으나 횡축 설계로 BB2펌프는 센터라인 마운트(Centerline Mounted) 지지 방법을 채택하고 있는 것을 보듯이 BB1펌프와 확연히 다른 차이를 보인다. BB2펌프는 외형만 보더라도 기본적으로 API610에서 기준으로 제시하는 헤비 듀티 서비스(Heavy Duty Service)에 맞게 설계온도, 설계압력 4MPa 이상으로 3년간 무고장 연속운전 및 20년간 사용할 수 있도록 설계되어 있다는 것을 알 수 있다.

BB2펌프부터는 고유량 고양정 사양에 적용되기에 횡축 하중과 축하중이 많이 걸려 볼베어링(Ball Bearing)으로는 베어링 역할이 어려워 슬라이딩베어링(Sliding Bearing)을 채택, 윤활을 원활하게 하면서 하중을 견디게 한다. BB2펌프는 혹독한 조건에서 운전되는 프로세스펌프(Heavy Duty Process Pump)라 금방 뜨거워지고 베어링을 감싸고 있는 윤활유(Lubricant Oil)가 쉽게 말라버리기 때문에 조건에 따라 윤활 방법을 잘 적용해야 한다. 고양정 고유량에 적용된 큰 용량의 펌프인 경우 단순 오일배스타입(Oil Bath Type)을 적용할 경우 윤활 문제가 대두되므로 BB2펌프 등은 API614에 따

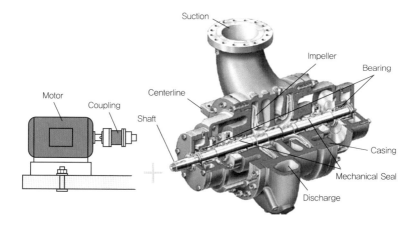

출처 : Flowserve Catalogue 자료 인용 및 수정

그림 3.11 BB2펌프 구조

라 강제윤활 시스템(Forced Lube Oil System)을 적용해야 할 경우가 많으니 적용 시 주의를 요한다.

전형적인 API610 펌프인 BB2펌프는 정유 및 가스처리에 쓰는 공정 펌프로, 정유 및 석유화학 공정에 주로 쓰이는 펌프이다.

(9) BB3펌프

BB3펌프의 영문 표기는 'Axially Split Multi-Stage Between Bearing Pump'로 그림 3.12와 같이 BB3펌프부터 다단펌프로 분류된다. 앞의 OH6 펌프를 설명하면서 높은 양정을 얻는 방법으로 펌프를 직렬로 연결해 다단화하면 된다고 제시한 적이 있는데 BB3펌프의 형태가 이런 방법을 응용해 펌프 대신 임펠러를 직렬로 연결해 임펠러를 1단부터 여러 단으로 연결한 일체형 구조의 다단펌프로 보면 된다.

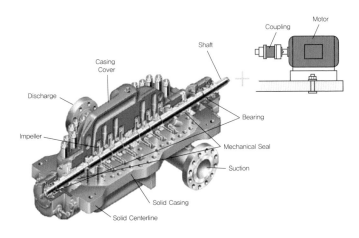

출처 : Flowserve Catalogue 자료 인용 및 수정

그림 3.12 BB3펌프 구조

다단펌프의 압력원리는 직렬운전과 유사해 1단 임펠러에서 생성한 압력을 2단 임펠러로 보내 추가압력을 생성해 다음 단 임펠러로 보내 임펠러 단별로 계속해서 압력을 증가시키는 구조로 이해하면 된다. 이런 임펠러 단단별 압력증가는 각 단별에 한쪽으로 축 방향 추력(Axial Thrust)이 증가하게 되기 때문에 임펠러 단별 위치를 밸런스에 맞게 배정하면 상쇄할 수 있어 문제는 없는 구조이다.

고유량 고양정 펌프인 BB3펌프는 여러 가지 용도로 사용되고 있으나 주로 고온 고압의 보일러 피드용이나 물 분사, 스케일 제거, 이산화탄소 주입 등에 쓰이는 펌프이다.

(10) BB4펌프

BB4펌프의 영문 표기는 'Single Casing Radially Split Multi-stage Be-tween Bearing Pump'로 그림 3.13과 같이 여러 개의 링(Ring) 같은 케이싱을 횡측으로 연결한 구조라 '링섹션펌프(Ring-section Pump)'라고도 불린다. 이런 링(Ring) 형식 케이싱(Casing), 즉 링 케이싱(Ring Casing)으로 된 펌프구조는 사용자가 요구한 양정에 따라 링 케이싱을 추가하면 되는 형식으로, API610에선 BB4펌프의 링 케이싱과 링 외피(Ring Casing) 사이를 밀봉할 때 금속과 금속 밀봉을 요구하고 있어 단과 단 사이 접촉면은 정밀가공

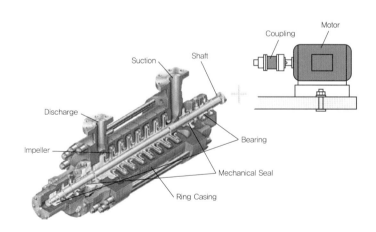

출처 : Flowserve Catalogue 자료 인용 및 수정

그림 3.13 BB4펌프 구조

이 요구되는 펌프이다.

BB4펌프의 특징은 링 케이싱의 단별 분리구조도 있지만, 단으로 구성된 링 케이싱은 일반적으로 그림 1.1(b)와 같이 디퓨저(Diffuser) 형식을 가지고 있는데 앞에서 설명한 것처럼 볼류트(Volute) 방식보다 디퓨저(Diffuser) 방식이 유체의 흐름을 여러 갈래로 흐르게 해 고양정 고유량에 의한 회전 추력을 향상, 균형을 잡아가는 데 유리하기 때문이다.

또 하나의 특징은 BB4펌프를 현장에서 분해조립 시 펌프에 연결된 흡입 배관과 토출 배관을 분리해야 하는 불편함이 있어 석유화학 현장에서 꺼리는 제품 중의 하나이다.

이로 인해 BB4펌프는 BB3펌프와 유사하게 보일러 순환을 포함한 고온 분야나 고온 고압이 필요한 산업 분야에서 주로 사용된다고 보면 된다.

(11) BB5펌프

BB5펌프의 영문 표기는 'Double Casing Radially Split Multi-stage Between Bearing Pump'로 그림 3.14와 같이 이름 그대로 두 개의 케이싱을 가진, 즉 1차 내부 케이싱(Inner Casing)과 2차 외부 케이싱(Outer Casing)으로 구성되어 최대한 고유량 고양정에서 발생할 수 있는 문제나 누수에 최적화했다고 볼 수 있는 펌프이다.

이런 이유로 2차 외부 케이싱이 통과 같은 역할로 1차 내부 케이싱을 배럴 안에 심어버리는 형태라 '배럴펌프(Barrel Pump)'라고 불리고 있다.

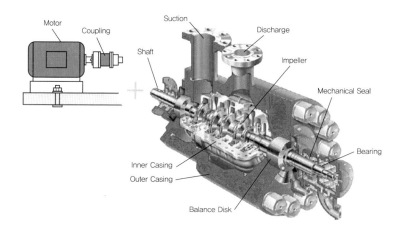

출처 : Flowserve Catalogue 자료 인용 및 수정

그림 3.14 BB5펌프 구조

BB5펌프가 더블케이싱(Double Casing)을 채택한 이유는 앞에서 설명한 고유량 고양정 이송을 위한 BB3펌프와 BB4펌프의 단점과 더욱더 혹독한 공정에서의 필요성에 의한 것으로 보인다.

BB5펌프는 더블케이싱을 채택했다고만 해서 최고의 육상펌프로 인정받고 있는 것은 아니다. 최고 펌프 중의 하나인 BB5펌프는 API610 펌프 기준에 따라 API682 메카니컬씰(Mechanical Seal) 기준 준수는 기본이며, BB2에서 설명한 API614에 따라 강제 윤활시스템(Forced Lube Oil System)을 대부분 적용해야 한다. 펌프 축봉이 길어 커플링(Coupling) 연결 시에도 API671(Special Coupling Code)을 적용해야 한다.

BB5펌프의 특징을 정리하자면 BB3펌프나 BB4펌프와 유사한 펌프에 배럴(Barrel)통 하나가 추가되었다고 간단히 보면 되나, 안전성과 견고성,

신뢰성에서 정말 다른 펌프이기도 하다. API610 BB5펌프는 다양한 API Code가 적용될 수 있는 펌프로 주로 정유 및 가스처리에 쓰는 공정 펌프로, 정유 및 석유화학 공정 그리고 초고압 보일러 급수펌프로 설치 시에 크기와 축봉이 길어 설치공간 유지보수를 위한 공간 확보를 꼭 해야 하는 펌프이다.

(12) VS1펌프

OH1~OH6펌프와 BB1~BB5펌프가 육상펌프였다면 VS펌프는 입형 타입으로 원동기 부분인 모터 등만 육상에 있고 펌프 외피 부분은 액체에 잠기는 펌프를 총칭한다. VS는 'Vertically Suspended'의 약자인데 수직으로 길게 매달아 놓은 펌프란 얘기다. 단 펌프 케이싱이 액체에 잠긴다고 해서 수중펌프(Submersible Pump)와 같은 것은 아니니 혼동이 없길 바란다.

VS1펌프의 영문 표기는 'Wet Pit, Vertically Suspended, Single Casing Diffuser Pump'로 그림 3.15와 같이 앞에서 설명한 펌프 케이싱이 유체에 담겨있고 디퓨저(Diffuser) 형태의 단단 또는 다단펌프로, 수직으로 설치되는 섬프펌프(Sump Pump) 형태이다.

VS펌프는 펌프 케이싱 부분이 탱크나 액체에 잠기게 되어 차후 설명하게 될 NPSH(Net Positive Suction Head)[5]로부터 기본적으로 자유로운 펌프

....

5) NPSH(흡입수두, Net Positive Suction Head)는 펌프가 캐비테이션 발생 없이 안전하게 운전될 수 있는가를 나타내는 척도이다.

이다. 수직으로 긴 케이싱(Casing) 액체에 잠겨있어 NPSH 조건도 문제의 소지가 없다. 액체 속에서 운전이 되어 소음도 적은 편이며 설치면적도 적어 경제적이다. 하지만 유지보수 시에는 펌프 전체를 끌어 올려야 하는 번거로움이 있어 단점이라 할 수 있다.

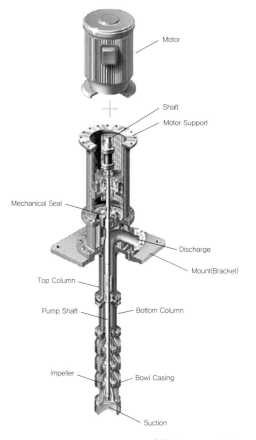

출처 : Flowserve Catalogue 자료 인용 및 수정

그림 3.15 VS1펌프 구조

VS1펌프는 석유화학 공장이나 발전 분야에서 사용하기엔 극히 드문 일로 해수 및 강물 취수, 응축수 순환 물 이송 및 재생수 처리에 사용되는 펌프이다.

(13) VS2펌프

VS2펌프의 영문 표기는 'Wet Pit, Vertically Suspended, Single Casing Volute Pump'로 그림 3.16과 같이 단일 케이싱이 있는, 수직으로 매달린 수조(Wet Pit)를 가진 볼류트(Volute) 펌프이다. VS2펌프를 일반적으로 '입축사류펌프(Vertical Mixed−Flow Pump)'라고도 한다. 앞에서 사류펌프 형태가 원심형과 축류펌프 중간 형태라고 설명한 적이 있듯이 사류펌프와 원심펌프의 경계가 모호하긴 하나, VS2펌프에선 볼류트 케이싱(Volute Casing)이란 문구를 넣어 명료하게 입축사류펌프를 원심펌프로 편입한 것으로 보인다.

VS2펌프는 사류펌프형이기 때문에 원심펌프보단 유체 흐름이 원만하게 형성됨에도 고유량 고양정 형태를 띠는 게 특징이다. 펌프 케이싱이 액체 속에 있다 하더라도 흡입을 원활하게 하기 위해선 바닥 면과 공간 확보를 위해 종(Bell)을 엎어 놓은 듯한 흡입 벨(Suction Bell)을 설치해야 한다.

VS2펌프는 운전 시 토출 밸브만 잠그지 않는다면 별문제 없이 잘 운전되는 펌프 중의 하나로 일상생활에서 많이 사용되며, 빗물 배수펌프, 취수 펌프, 오수이송 펌프, 해수이송 펌프, 소방용수 펌프, 회수 및 공정수 펌프로 사용되는 펌프이다.

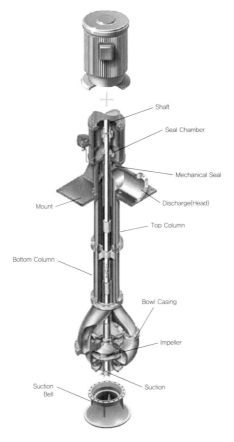

Shaft

Seal Chamber

Mechanical Seal

Discharge(Head)

Mount

Top Column

Bottom Column

Bowl Casing

Impeller

Suction Bell

Suction

출처 : Flowserve Catalogue 자료 인용 및 수정

그림 3.16 VS2펌프 구조

(14) VS3펌프

VS3펌프의 영문 표기는 'Wet Pit, Vertically Suspended, Single Casing Axial Flow Pump'로 그림 3.17과 같이 단일 케이싱이 있는, 수직으로

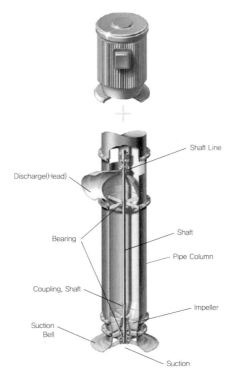

Shaft Line

Discharge(Head)

Bearing

Shaft

Pipe Column

Coupling, Shaft

Impeller

Suction
Bell

Suction

출처 : Flowserve Catalogue 자료 인용 및 수정

그림 3.17 VS3펌프 구조

매달린 수조(Wet Pit)를 가진 입축축류펌프이다. VS2펌프에서 볼류트 케이싱(Volute Casing)이란 문구를 넣어 명료하게 입축사류펌프를 원심펌프로 편입한 것과 같이, VS3펌프에서도 축류펌프(Axial Flow Pump)란 문구를 넣어 원심펌프 종류로 편입시켰다고 볼 수 있다.

앞에서 펌프의 종류에서 터보형 펌프(Tubo Pump)를 설명할 때 원심펌프(Centrifugal Pump), 사류펌프(Mixed Flow Pump), 축류펌프(Axial

Flow Pump)로 분리했으나 API에선 모두 원심펌프로 통일해 보는 듯하다.

VS3펌프는 앞에 축류펌프에서 설명한 바와 같이 임펠러 형상이 프로펠러(Propeller)나 선풍기 날개같이 생겨 고유량에 적합한 펌프로 VS2펌프보다는 더 큰 유량을 이송하기 위해 고안된 펌프이다. 그러나 초고유량에 집중한 펌프이다 보니 반대급부로 저양정 펌프로 10m 내외로 토출할 수 있는 펌프이다.

VS3펌프도 VS2펌프와 같이 운전 시 토출 밸브만 잠그지 않는다면 별문제 없이 잘 운전되는 펌프 중의 하나로 대형 수저(Pit)에 설치한다든지 제지공장에 물 이송, 농업용의 양수 펌프, 배수펌프, 상·하수도 및 해양 밸러스트 워터(Ballast Water) 이송 펌프에 이용되고 있다.

모든 VS펌프가 가지고 있는 장점으로 모터 부분을 제외한 외피 부분이 액체에 잠긴다는 것은 NPSH(Net Positive Suction Head) 문제의 걱정에서 자유로워질 수 있는 요인 중의 하나이다. 그러나 이와는 반대급부로 액체에 잠겨있다는 것은 유지보수 측면에서 회전부의 윤활 상황이나 내부 부품의 상태를 파악하기가 펌프 특성상 육상보다는 어렵기 때문에 주의 관리가 요구되는 펌프이다.

(15) VS4펌프

VS4펌프의 영문 표기는 'Vertically Suspended, Single Casing Volute Line Shaft Driven Sump Pump'로 그림 3.18과 같이 영문 표기나 형태로

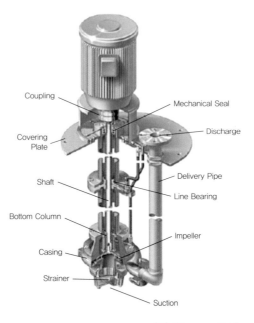

출처 : Flowserve Catalogue 자료 인용 및 수정

그림 3.18 VS4펌프 구조

도 일반적인 섬프펌프(Sump Pump) 중의 하나로 보면 된다. 앞에서 설명한 V1펌프, V2펌프, V3펌프는 모두 펌프의 중앙축(Shaft) 방향으로 유체토출이 이뤄졌다면, VS4펌프와 VS5펌프는 OH(Overhung)펌프와 같은 임펠러(Impeller)를 가진 펌프로 중앙 펌프 축(Shaft) 옆에 별도로 토출 배관이 있는 펌프이다.

  VS4펌프는 축이 하나의 긴 형태이기에 API610에선 VS4펌프의 임펠러와 축을 라인베어링(Line Bearing)이 잡도록 규정하고 있는데, 이와 유사한 규정은 OH3펌프 설명 시 OH3펌프에도 케이싱(Casing)과 분리되는 베어링 브래킷(Bearing Bracket), 즉 베어링 하우징(Bearing Housing)을 설치해야 한다는 규정을 설명한 바 있다.

중간에 라인베어링(Line Bearing)을 설치하란 의미는 펌프 길이가 길다는 얘기이며, 길다는 얘기는 펌프의 전 부하를 견디고 흡수할 수 있도록 설계하란 의미로 봐야 한다.

그리고 VS4펌프는 그림에서 보이듯이 유체가 나오는 토출구가 작게 우측 상단으로 별도로 달린 것을 볼 수 있는데 토출 구경을 보더라도 저유량에 적합하다는 것을 알 수 있다.

VS4펌프는 섬프펌프(Sump Pump)로 산업공정에 탱크 유체 하역이나 산업 배수조의 폐기물 액체를 이송하는 데 사용할 뿐만 아니라 비가 온 후 석유화학 공장 내에 유해물질, 유독성 물질이 모인 수저(Pit)에 넣어 이송 펌프로 사용된다.

(16) VS5펌프

VS5펌프의 영문 표기는 'Vertically Suspended, Cantilever Sump Pump'로 그림 3.19와 같이 영문 표기나 형태로도 일반적인 섬프펌프(Sump Pump) 중의 하나다. VS4펌프와 같이 OH(Overhung)펌프와 같은 임펠러(Impeller)를 가진 VS5펌프는 중앙 펌프 축(Shaft) 옆에 별도로 토출 배관이 있는 펌프이다.

VS4펌프와 VS5펌프를 구분하기란 쉽지 않기에 다른 점은 크게 두 가지 정

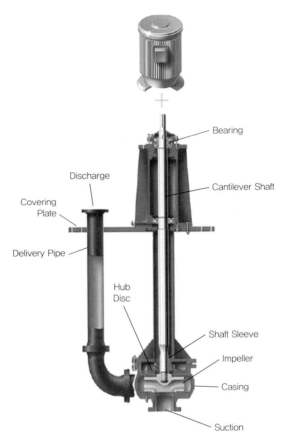

Bearing

Discharge

Cantilever Shaft

Covering
Plate

Delivery Pipe

Hub
Disc

Shaft Sleeve

Impeller

Casing

Suction

출처 : Flowserve Catalogue 자료 인용 및 수정

그림 3.19 VS5펌프 구조

도로 구분된다. 첫째로 VS5펌프는 캔틸레버(Cantilever)[6] 축(Shaft)을 채택

하고 있어 하단 임펠러 부분과 모터 부분을 하나로 연결하기 위해선 상단의

....

6) 상단 한쪽 끝부분 샤프트를 베어링으로 고정하고, 다른 하단 끝부분은 베어링 등으로 고정하지 않
는 구조이다.

베어링 하우징(Bearing Housing)이 길어져야 한다. 이로 인해 VS4보다 상단 부분에 여유 공간이 있어 메카니컬씰(Mechanical Seal) 적용에 좀 더 유리하다는 것이다. 즉, 원판형 또는 직사각형 베이스플레이트(Base Plate 또는 Sole Plate 또는 Mounting Plate로 명명)로부터 모터 체결 부위까지 상부 베어링 하우징(Bearing Housing)으로 인해 여유 공간이 있다는 것이다.

둘째로 VS4펌프는 하나의 일직선 라인(Line) 축(Shaft)으로 형성되어 펌프 길이가 VS5보다 두 배 정도 길어 축에 라인베어링(Line Bearing)이 부착되어 설계 및 제작이 된다는 것이다. 다시 말해 VS4펌프의 펌프 케이싱으로부터 상단까지 칼럼(Column 또는 Supporting Pipe) 길이를 일반적으로 10m 이내로 제작 가능한 데 반해 VS5펌프의 전장 길이는 5m 내외로 가능하다고 할 수 있으나, 펌프의 전장 길이가 길어진다는 얘기는 그만큼 추력과 진동 발생 소지가 있다는 것을 염두에 두어야 한다.

VS5펌프는 VS4펌프와 같이 섬프펌프(Sump Pump)로 약간 기화성이 있는 유체나 산업공정에 탱크 유체 하역 또는 산업 배수조의 폐기물 액체를 수조(Pit)에 넣어 사용되는 펌프이다.

(17) VS6펌프

VS6펌프의 영문 표기는 'Double Casing Diffuser Vertically Suspended Pump'로, 여기서 'Double Casing'이란 의미는 BB5펌프와 같이 압력을 견디게 하기 위해 두 개의 케이싱(Casing)을 가진, 즉 1차 내부 케이싱

(Inner Casing)과 2차 외부 케이싱(Outer Casing)으로 구성되었다는 의미가 아니라 수저(Pit)이나 탱크(Tank) 대신 유체를 담아두는 역할을 하는 것으로 보면 된다.

VS6펌프는 그림 3.20과 같이 외부 케이싱, 즉 펌프 자체 흡입 탱크가 있는데 형태가 캔(Can)과 같아서 '캔(Can)펌프'라고도 불리며, 캔(Can) 속에 VS1펌프를 넣어 놓은 펌프라 보면 된다. 펌프 자체 흡입 탱크(Can 또는

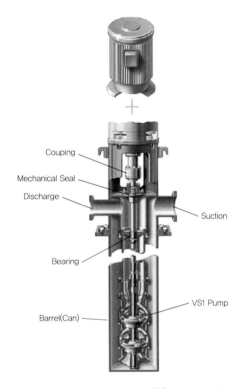

출처 : Flowserve Catalogue 자료 인용 및 수정

그림 3.20 VS6펌프 구조

Barrel)가 있다는 것은 NPSH(Net Positive Suction Head)와 관계가 있다는 것을 알 수 있다. VS6펌프는 초저 NPSHr(필요 흡입수두, Net Positive Suction Head Required) 값을 실현하기 위해 흡입구 첫 번째 임펠러(Impeller)는 일반적으로 양 흡입 임펠러를 사용하며, 일반 펌프론 NPSHa(유효 흡입수두, Net Positive Suction Head Availabe) 값이 부족해 문제가 야기될 수 있는 곳에 외부 2차 케이싱(Casing)인 캔(Can) 높이만큼 땅을 파고 흡입구와 토출구를 180도로 나란히 배열하여 일직선상으로 설치하게 된다.

그러나 흡입구와 토출구를 곡관이 없어 일직선상으로 지상에 배관 설치가 가능해 최소의 설치면적의 장점이 있는 반면, 펌프 자체 흡입 탱크(Can 또는 Barrel) 높이만큼 2.5m 정도 땅을 파고 설치해야 하는 번거로움이 커서 현장에선 기피하는 경우가 있다.

가장 큰 장점이 초저 NPSHr 값을 가진 펌프이다 보니 현장에선 충분한 NPSHa 값 형성이 어려운 스팀터빈(Steam Turbine)의 복수기(Surface Condenser) 후단에 위치한 응축수(Steam Condensate)를 이송하는 데 주로 사용되며, 정유공장이나 LPG 저장 탱크에서 LPG를 이송할 때 쓰인다. LNG와 같은 극저온 유체 이송에도 쓰여 간혹 '캔(Can)펌프'라 불려 극저온 펌프(Cryogenic Pump)와 혼동되는 경우가 있으니 유의하기 바란다.

(18) VS7펌프

VS7펌프는 API610에서 최근 명명한 신상으로 영문 표기는 'Double Casing Volute Vertically Suspended Pump'이다. 여기서 'Double Casing' 이란 VS6펌프에서 설명한 바와 같이 BB5펌프와 다르게 외부 케이싱, 즉 펌프 자체 흡입 탱크로 유체를 담아두는 기능을 하며, 저 NPSHr 값을 실현하는 데 일조하는 보조 탱크를 가진 펌프로 보면 된다.

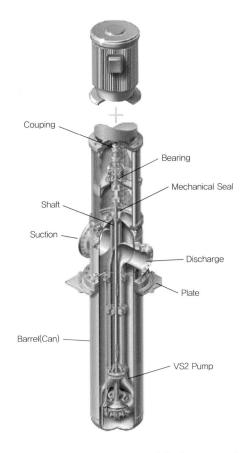

출처 : Flowserve Catalogue 자료 인용 및 수정

그림 3.21 VS7펌프 구조

VS7펌프는 그림 3.21과 같이 흡입 탱크인 캔(Can) 안에 VS2펌프를 넣어 놓은 펌프라 보면 된다. VS6펌프는 캔(Can) 안에 VS1펌프를 넣은 형태이고, VS7펌프는 VS2펌프를 넣은 형태이다. 따라서 각각 VS6펌프는 VS1펌프의 특성을, VS7펌프는 VS2펌프의 특성을 가지고 있다고 보면 된다.

그러나 VS2펌프는 양 갈래 케이싱(Casing) 특성과 유량 이송이 많은 관계로 소용돌이로 인한 기체 발생 현상(Voltex Vapor)이 일어날 수 있어 캔(Can) 벽 등에 소용돌이 방지벽 또는 깃 같은 것을 설치하여 방지하는 방법을 고려하는 것을 추천한다.

'VS7펌프'도 'VS6펌프'와 같이 충분한 NPSHa 값 형성이 어려운 스팀터빈(Steam Turbine)의 복수기(Surface Condenser) 후단에 위치한 응축수(Steam Condensate)를 이송하는 데 주로 사용된다. 또한 정유공장이나 LPG 저장 탱크에서 LPG를 이송할 때 쓰이며, LNG와 같은 극저온 유체 이송에 쓰일 수 있다.

2. 캔드모터펌프

'캔드모터펌프(Canned Motor Pump)'는 일반 원심펌프의 밀봉장치인 메카니컬씰(Mechanical Seal)이 없는 펌프라 해서 '실레스펌프(Sealless Pump)' 또는 '논실펌프(Non-Seal Pump)'로도 불리는 원심펌프이면서 특수구조 펌프이다. 그러나 실레스펌프와 논실펌프는 캔드모터펌프와 다음에 설명할 '마그네틱펌프(Magnetic Pump)'를 총칭하는 용어로 보면 되고, 정식명칭은 '캔드모터펌프(Canned Motor Pump)'가 맞다. 논실펌프는 일본의 유명한 '캔드모터펌프(Canned Motor Pump)' 제작사의 브랜드명이지만 국내외적으로 펌프의 대명사가 되었고, '실레스펌프'라는 명칭도 비슷한 맥락이지만 메카니컬씰(Mechanical Seal)이 없다는 대표적인 단어에서 비롯된 용어로 보면 된다.

캔드모터펌프를 간단히 설명하자면 모터가 캔(Can) 속에 밀봉되어 펌프와 함께 일체구조로 설치되어 임펠러를 회신시켜 작동하는 밀봉식 펌프이다. 이 펌프의 중요특징은 그림 3.22와 같이 메카니컬씰(Mechanical Seal)이 필요 없다는 것이고, 펌프와 모터의 구분이 없이 한몸체로 일체구조가 되어 회

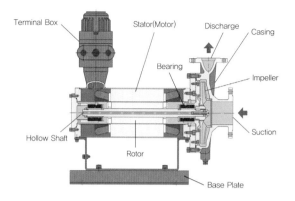

Terminal Box Stator(Motor) Discharge Casing

Bearing

Impeller

Suction

Hollow Shaft

Rotor

Base Plate

출처 : Nikkiso Catalogue 자료 인용 및 수정

그림 3.22 Canned Motor Pump 구조

전 부분은 모두 이송액 중에 잠겨있지만, 펌프 내부가 모터 캔(Motor Can)
과 로터 캔(Rotor Can)으로 둘러싸여 있어 단락될 일이 없는 구조이다. 그
러다 보니 펌프가 이송하는 자체 액을 펌프 내부로 순환시켜 슬리브베어링
(Sleeve Bearing) 등 내부 부품의 윤활과 모터의 발열을 식혀주는 자체유체
윤활 방식을 채택한 구조이다.

펌프와 모터의 구분이 없이 한몸체로 일체형 구조이다 보니 현장에선 공무
팀과 전기팀 중 어느 부서에서 담당해야 하는지 고민하는 진풍경도 보게 된
다. 이렇게 펌프와 모터의 구분이 없이 한몸체로 일체형 구조이다 보니 기본
적으로 제작업체는 펌프와 모터를 함께 제작하는 경우가 대부분이며 모터 제
작능력까지 보유한 경우가 많다.

캔드모터펌프와 마그네틱펌프(Magnetic Pump) 그리고 일반 원심펌프
(Conventional Centrifugal Pump)를 표 3.5와 같이 각각 펌프마다의 특징

을 비교표로 작성했으니 쉽게 이해하는 데 도움이 되길 바란다.

표 3.5 Canned Motor Pump vs Magnetic Pump vs Conventional Centrifugal Pump 비교

펌프 형식	Canned Motor Pump	Magnetic Pump	Centrifugal Pump
커플링 (Coupling) 유 / 무	없음 펌프와 모터가 축봉 하나로 일체형 구조	있음 Closed Coupling Type은 없음.	있음 펌프와 모터는 별도의 축이 있어 연결해야 함.
정렬 (Alignment)	Coupling이 없어 필요 없음.	Coupling이 있는 모델은 필요함.	Coupling이 있어 필요함.
Mechnical Seal	없음 이물질 이송 시 이물질 유입을 막기 위해 내부 Packing 또는 Seal이 있는 Model도 있음.	없음 이물질 이송 시 이물질 유입을 막기 위해 내부 구조 변형이 힘들어 이물질 유체 이송에 제한적임.	있음
베어링 수량	Sleeve Bearing 2개	펌프는 Sleeve Bearing 2개와 Ball Bearing 2개, 모터 Ball Bearing 2개로 총 6개. 그러나 Closed Coupled Type 펌프는 Sleeve Bearing 2개와 모터용 Ball Bearing 2개 필요	펌프는 Ball Bearing 2개와 Ball Bearing 2개로 총 4개
재질 적용성	펌프와 모터가 일체형이다 보니 비금속 재질인 플라스틱 계열이나 코팅 재질은 불가	펌프와 모터가 별도로 체결되어 비금속 재질인 플라스틱 계열이나 코팅 재질은 가능	펌프와 모터가 별도로 체결되어 비금속 재질인 플라스틱 계열이나 코팅 재질은 가능

펌프 형식	Canned Motor Pump	Magnetic Pump	Centrifugal Pump
효율	높음 0.4mm 정도의 얇은 Can(Liner) 사용과 Stator(Motor)와 Rotor 간격이 좁아 자력손실 최소화함.	중간 이상 Outer Magnetic과 Inner Magnetic의 간격으로 자석 손실이 생김.	매우 높음 최소의 기계적 손실과 Mechanical Seal 손실만 있음.
과부하 운전 가능성	가능 펌프와 모터가 일체형 구조로 일반 펌프와 모터의 기능을 함.	불가능 Magnetic의 오버토크(Over Torque)에서 정지	가능
소음	낮음	높음	높음
캔(Can, Liner) 파손 감지 및 이송액 외부 유출대책	파손 감지 가능 1차 Containment Shell(Can, Liner) 파손 시 2차 Containment Shell이 차단해 유출 완전 차단	파손 감지 가능 1차 Containment Shell(Can) 파손 시 2차 Containment Shell은 모터 축과 연결되어 외부 유출	관계없음. Mechanical Seal 마모 및 파손 감지 장치가 요구되며, 파손 시 이송액 외부 유출
모터 (Motor)	펌프와 모터가 일체형 구조로 모터 소손(燒損) 시 수리 기간 및 과비용 발생 가능성이 있어 캔 파손 감지기 설치가 필요함.	펌프와 모터가 분리형으로 모터 소손 시 모터만 분리해 수리 및 교체 가능	펌프와 모터가 분리형으로 모터 소손 시 모터만 분리해 수리 및 교체 가능

펌프 형식	Canned Motor Pump	Magnetic Pump	Centrifugal Pump
압 저항력	매우 높음 최대 500bar까지 가능 1차 Containment Shell(Can)이 압력을 지탱하고, 1차는 2번째 Containment Shell(Motor Band)이 지탱함.	중간 Containment Shell(Can)만으로 압력을 지탱함.	높음 Casing과 축에 부착된 Mechanical Seal(M/S)로 압력을 지탱하나 M/S 마모 및 손실될 가능성 있음.
진공라인에 사용 가능성	가능 밀폐형 펌프	가능 밀폐형 펌프	가능하나 추천 안 함. 펌프 축에 장착된 Mechanical Seal로 진공 손실성 있음.
고온액 이송 가능성	가능 펌프 모터표면에 Cooler를 설치해 적용	가능 열에 의한 Magnetic Force 쇠퇴로 적용 어려움이 발생함.	가능 고온 처리를 위한 Double Seal 이상 적용으로 금액 상승
저온액 이송 가능성	가능	가능 2차 Containment Shell과 1차 Containment Shell(Can)의 간격이 넓어 Precooling이 어려움.	가능 저온에 의한 Mechanical Seal(M/S) 소손이 발생할 수 있어 M/S 적용 시 주의 요함.
고용점액 이송 가능성	가능 펌프와 모터표면에 Heating Jacket을 설치해 적용	어렵지만 가능 Inner Magnetic과 Outer Magnetic 공간과 간섭으로 Heating Jacket 설치도 어렵고 열전달 잘 안됨.	가능 펌프, 즉 Casing부에 Heating Jacket을 설치해 적용 가능하나 Mechnical Seal부는 주의를 요함.

펌프 형식	Canned Motor Pump	Magnetic Pump	Centrifugal Pump
내부 부품 마모 감지	가능 내부 부품의 마모감지 모니터링 장치가 있음.	업체마다 가능한 곳과 불가능한 곳이 있음. Magnetic과 Containment Shell 간섭으로 Monitor용 센서 장착이 힘듦.	가능 직접 마모감지보단 진동계 등으로 예측 가능
설치면적 활용성	작음 펌프와 모터가 축봉 하나로 일체형 구조	넓음 일반 원심펌프와 같이 커플링 연결형태의 넓은 공간이 필요하나 Closed Coupling Type은 작은 공간 필요함.	넓음 펌프와 모터를 커플링을 연결하기 위한 넓은 공간이 필요함.
유지보수 및 비용성	매우 쉬우며 비용도 낮음. 그러나 1차 Containment Shell(Can) 손상 시 비용이 높으니 내부 마모감지 장치로 방지해야 함.	쉬우며 비용도 낮음. 그러나 1차 Containment Shell(Can) 손상 시 비용이 높음.	Mechanical Seal과 Coupling 연결과 정렬로 인해 어려우며 비용도 높음.

* 상기 내용은 사양(Spec)과 제품 특성에 따라 상이할 수 있다.

캔드모터펌프(Canned Motor Pump)는 다운 스트림(Down Stream) 분야 라이트 듀티(Light Duty) 공정과 외부 유출 시 위험한 유체나 고온액 그리고 흡입 쪽이 고압일 경우에 많이 사용해왔다. 이런 이유로 열매유(Hot Oil), BTX(Benzene, Toluene, Xylene) 등 유독성 액이나 인화성 액뿐만 아니라 일반적인 유체 이송까지 사용범위를 넓혀가는 친환경 펌프 중 하나이다.

그러나 최근엔 API685 적용과 펌프가 제작되면서 헤비 듀티(Heavy Duty) 영역까지 사용되고 있으나, 펌프와 모터가 일체형이다 보니 두 가지를 함께 설계와 제작을 해야 하는 태생적인 특성, 특히 축봉의 하중은 아직까지 대용량 설계에 걸림돌이 되는 듯하다. 그리고 캔드모터펌프는 서두에 설명한 바와 같이 펌프와 모터가 축 하나로 연결된 일체형 펌프이다 보니 마그네틱펌프(Magnetic Pump)와 다르게 다른 형태의 펌프, 즉 기어펌프나 모노펌프 등으로 제작활용에 제한적인 것도 사실이다.

1) 자흡펌프

자흡펌프(Self-Priming Pump)를 캔드모터펌프(Canned Motor Pump)를 설명하면서 추가한 이유는 모두가 일반 원심펌프로 자흡펌프를 이해하고 경험했다고 보기 때문이다. 자흡펌프의 원리는 일반 원심펌프나 캔드모터펌프 모두 같기에 캔드모터펌프로 제작된 자흡식 펌프로 설명하는 게 펌프의 다양성면에서 좋을 듯싶다.

우선 자흡펌프는 자흡식란 펌프명으로 인해 간혹 펌프 자체적으로 유체를 흡입해 이송 가능하다고 오해하는 이들이 있는 것 같다. 자흡펌프도 일반 원심펌프와 같이 흡입과 토출 관계는 같으며 NPSH(Net Positive Suction

Head) 논리도 동일하다고 보면 된다. 다른 점은 그림 3.23과 같이 펌프 케이싱 구조가 자흡식 탱크와 케이싱이 합쳐진 형태로 크기와 구조면에서 일반 원심펌프와 확연히 구별된다고 볼 수 있다.

그림 3.23을 보듯이 케이싱 특징은 충분한 기체와 액체를 분리하는 토출탱크 형태이며, 독특한 볼류트실을 가지고 있어 일반적으로 사용되는 플랩밸브(Flap Valve)가 없으며, 재흡입 작용의 순환경로를 통해 유량이 흡입탱크로 역류하는 것을 막게 설계돼 있다.

자흡펌프의 케이싱이 일반 원심펌프 케이싱과 다른 이유는, 일반적인 공정 라인은 밀폐된 곳이 없어 펌프 정지 후엔 배관이나 케이싱에 남아 있던 유체가 자동적으로 흡입 쪽으로 빠져나가 마중물 역할용 유체가 남지 않게 된다. 물론 흡입 탱크가 펌프보다 높은 경우는 문제가 없으며 자흡펌프를 적용할

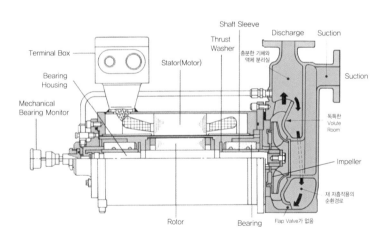

출처 : Nikkiso Catalogue 자료 인용 및 수정

그림 3.23 Canned Motor Pump 구조

이유도 없다.

이런 자흡펌프 케이싱의 특징은 펌프 내부의 유체가 흡입 쪽으로 못 빠져나가게 설계 돼 있어 항시 마중물 역할에 필요한 유체를 보유할 수 있게 되어 있으며, 그림 3.24와 같은 순서로 펌프가 운전되면서 케이싱에 잔존한 마중물은 흡입 측에 남아 있어 있는 기체를 흡입해 빼내면서 펌프보다 낮은 수위의 유체를 토출하는 구조이다.

앞에서 설명한 바와 같이 자흡펌프도 당연히 펌프 고유의 NPSHr 값을 가지고 있어 사용자 쪽에선 NPSHa 값을 고려해야 하는 것이 필수이다. 일반

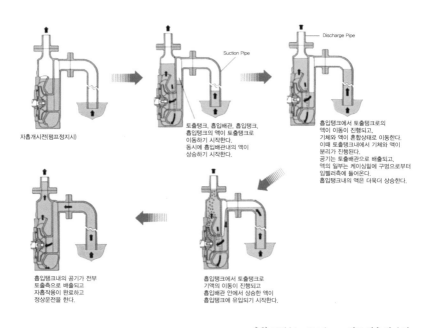

출처 : Nikkiso Catalogue 자료 인용 및 수정

그림 3.24 **자흡 작용의 구조**

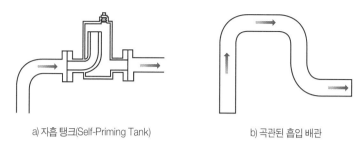

a) 자흡 탱크(Self-Priming Tank)　　　　b) 곡관된 흡입 배관

그림 3.25 **자흡펌프 흡입배관용 자흡탱크 및 곡선관 구조**

적으로 자흡펌프의 NPSHr 값은, 즉 자흡 가능 길이는 5m 정도이나 수평거리는 최대한 짧게 할 것을 추천한다.

수평 길이가 흡입 구경의 100배 이상인 경우는 그림 3.25(a)와 같이 펌프 앞에 자흡 탱크를 부착해 수평거리 부분에 유체가 충만한 상태로 운전될 수 있게 해야 한다. 또한 그림 3.25(b)와 같이 펌프가 정지할 때 흡입 쪽 수평거리 부분의 유체가 사이폰 작용에 의해 흡입 쪽으로 빠져나가는 것을 도중에서 차단하게 할 수도 있다.

자흡펌프는 사용 유체별로 다르나 VS펌프들과 추후 설명할 수중펌프들이 설치될 위치와 흡입 높이에 따라 적용 가능하며, 설치와 유지보수가 다른 해상펌프보다는 유리한 장점이 있다.

3. 마그네틱펌프

마그네틱펌프(Magnetic Pump)도 앞에서 설명한 캔드모터펌프(Canned Motor Pump)와 같이 밀봉장치인 메카니컬씰(Mechanical Seal)이 없는 펌프라 해서 '실레스펌프(Sealless Pump)' 또는 '논실펌프(Non-Seal Pump)'로도 불리는 원심펌프이면서 특수구조 펌프이다. 그러나 앞에서 설명한 바와 같이 실레스펌프와 논실펌프는 캔드모터펌프와 마그네틱펌프를 총칭하는 용어이기에 마그네틱(Magnetic)으로 회전되는 방식으로, 정식명칭은 마그네틱펌프(Magnetic Pump)가 맞다.

마그네틱펌프는 일반 원심펌프와 같이 모터 부분과 펌프 부분이 별도로 분리된 것이 캔드모터와 다르다. 구조 및 구동 원리는 그림 3.26과 같이 모터의 회전력을 자석(Magnetic)의 힘을 이용하여 임펠러를 회전시켜 유체를 토출시키는 밀폐형 원심펌프로, 모터 축에 연결된 외부 자석(Outer Magnetic)이 회전하면서 임펠러에 부착된 내부 자석(Inner Magnetic)을 회전시켜 자력에 의해 임펠러를 회전하면서 펌프가 작동되는 원리이다.

마그네틱펌프는 캔드모터펌프와 다르게 모터와 펌프가 일체형이 아닌 관

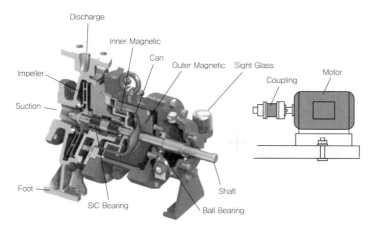

출처 : M Pump Catalogue 자료 인용 및 수정

그림 3.26 Magnetic Pump 구조

계로 현장의 일반 원심펌프를 교체하거나 모터를 재사용할 수 있는 장점이 있다. 그러나 캔드모터펌프와 마그네틱펌프는 둘 다 태생적으로 1차, 즉 내부 밀폐통(Containment Shell)이 있어 초기운전 시에는 내부에 남아 있는 공기를 빼내 주는 설계 및 운전방법이 요구되는 펌프이다. 추후 펌프 운전에서 설명할 예정이나 펌프설계 시는 로터(Rotor) 쪽이나 베어링 하우징(Bearing Housing) 쪽에 홀을 뚫어 유체가 원활히 순환될 수 있도록 고려해야 하며, 초기운전 시 공기 빼기로 3~4회 필수적으로 조그(Jog) 운전을 시켜줘야 한다.

마그네틱펌프도 캔드모터펌프와 같이 다운 스트림(Down Stream) 쪽 라이트 듀티(Light Duty) 공정에 적용하는 것이 일반적인데 외부 유출 시 위험한 유독성 액, 인화성 액 등에 적용할 수 있으나, 흡입 쪽이 고압일 경우 온도가 높은 열매유(Hot Oil)나 융점이 있는 액, 저온 유체 등에 적용 시 자석힘 손실 등이 발생할 수 있으니 주의를 요한다.

그러나 최근엔 캔드모터펌프와 같이 'Sealless Pump API685' 적용 펌프가 제작되면서 헤비 듀티(Heavy Duty) 영역까지 사용되고 있다. 마그네틱 펌프는 일반 원심펌프와 같이 펌프구조가 모터와 펌프가 분리된 형태로, 캔드모터펌프와 다르게 다양한 펌프에 적용 가능한 것도 장점이다. 그러다 보니 혁신적은 마그네틱펌프 제조업체에선 이미 마그네틱 기어펌프, 마그네틱 베인펌프, 마그네틱 스크루펌프, 마그네틱 VS3펌프와 심지어 마그네틱 BB5 펌프까지 생산하고 있어 다양한 펌프형식에 적용할 뿐만 아니라 대용량 펌프 제작에도 집중하고 있다.

4. 극저온 펌프

극저온 펌프(Cryogenic Pump)도 캔드모터펌프와 같이 밀폐형 펌프로 펌프와 모터가 한 축으로 연결된 일체형 펌프이다. 극저온 펌프를 캔드모터펌프와 함께 설명하려 했으나 캔드 모터(Canned Motor)가 아니라 수중 모터(Sumerged Motor)를 채택하고 있어 별도 펌프로 분류했다. 극저온 펌프는 외관상 캔드모터펌프(Canned Motor Pump)를 연상되게 하면서도 설치상으론 수중펌프를 연상케 하는 펌프이다.

극저온 펌프도 실레스펌프(Sealless Pump)와 같이 메카니컬씰(Mechanical Seal)이 없는 펌프로 그림 3.27과 같이 극저온 유체가 담겨있는 탱크 내로 수중펌프처럼 설치하는 'Removable Type'과 앞에서 설명한 VS6펌프와 비슷하게 설치하는 'Suction Vesel Mounted Type'과 차량 등 외부에 실레스펌프(Sealless Pump)처럼 설치하는 'Fixed Cargo Type'이 있다.

극저온 펌프는 −162℃의 극저온 상태의 LNG, LPG, Liquefied Ethylene, Propane, Butane, Nitrogen(N2) 등을 이송하는 펌프로 고도의 신뢰성과 안정성을 바탕으로 극저온 환경에 적합하게 설계 및 제작해야 하

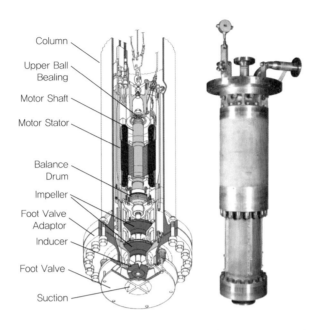

Column
Upper Ball Bealing
Motor Shaft
Motor Stator
Balance Drum
Impeller
Foot Valve Adaptor
Inducer
Foot Valve
Suction

출처 : Nikkiso Catalogue 자료 인용 및 수정

그림 3.27 Cryogenic Pump 구조

는 펌프이다. 특히 극저온 펌프는, 주유량은 모터 외벽과 칼럼(Column) 내
벽 사이에 있는 토출구를 통해 이송되며, 주유량을 제외한 일정 유량은 펌
프 상단에서 내부로 순환되면서 모터(Submerged Motor)와 볼베어링(Ball
Bearing)을 쿨링과 윤활을 시켜 주면서 밸런스드럼(Balance Drum) 쪽에
서 스러스트밸런스(Thrust Balance)까지 잡아주는 역할을 한다.

극저온 펌프 설계의 핵심은 크게 두 자지로 집약할 수 있는데, 첫째로 모터
의 발열을 잡아주는 것과 둘째로 제로에 가까운 밸런스를 잡으며 운전되게
하는 것이다. 모터 발열을 잡아주는 구조는 앞에서 이미 설명했기에 펌프의

전체 균형을 잡아주는 핵심부품인 밸런스드럼(Blance Drum)에 대해 간략하게 설명하면 다음과 같다.

모든 펌프의 상하중은 기본적으로 임펠러와 케이싱에서 압력 차를 가지고 균형을 잡게 설계되고 캔드모터펌프와 극저온 펌프 같은 일체형 펌프들은 추가적으로 모터가 센터 위치에서 회전되게끔 설계한다고 보면 된다. 그러나 극저온 펌프는 이 두 가지 외에도 한 가지 더 펌프의 중간 지점, 즉 하단 볼베어링 쪽에 밸런스드럼(Balance Drum)을 설치해 추력(Axial Force)을 제로(Zero)로 잡아주는 설계가 필요하다.

극저온 펌프의 임펠러와 케이싱이 주로 반경 방향력(Radial Force)을 잡아준다고 보면, 밸런스드럼은 추력(Axial Force)을 잡아준다고 이해하면 된

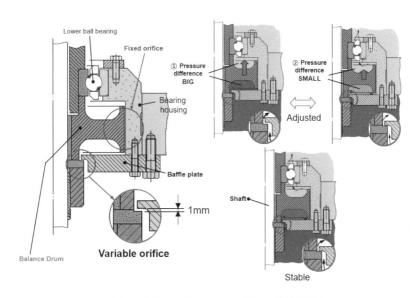

그림 3.28 밸런스드럼(Blance Drum) 구조 및 작동 원리

다. 그림 3.28과 같이 밸런스드럼은 고정 오리피스(Fixed Orifice) 식을 가지고 내부 상하 압력 차가 ①과 같이 크거나 ②와 같이 작거나에 따라 상하로 움직이면서 균형을 잡는다고 해서 밸런스드럼을 피스톤(Piston)이라고도 한다.

수중 모터(Sumerged Motor)의 극저온 펌프 중 'Suction Vesel Mounted Type'은 탱크 내로 완전히 수중 설치되는 펌프가 아니기에 'Deep Well Pump'인 VS6펌프나 VS7펌프와 함께 검토되는 경우가 있으나, VS펌프가 금액적으로 우세하기에 사용자의 선택이 아니라면 분리검토 및 적용이 맞다고 생각된다.

5. 수중펌프

수중펌프(Submersible Pump)는 앞에서 설명한 캔드모터펌프나 극저온 펌프와 유사하게 펌프와 모터가 같은 축으로 연결된 일체형 펌프이다. 그러나 캔드모터펌프와 극저온 펌프는 메카니컬씰(Mechanical Seal)이 없는 구조이지만, 수중펌프는 IP68 기준으로 건식 모터를 채택하고 있어 그림 3.29 와 같이 모터부와 펌프부를 메카니컬씰(Mechanical Seal)로 밀봉 처리해 수중에 잠긴 상태에서 모터 쪽에 물 침투를 차단하게 되는 구조이다.

수중펌프도 원심펌프와 같이 원동기인 모터가 임펠러를 회전시켜 유체를 이송하는 구조이나, 일반 원심펌프처럼 탱크 밑에 지상이나 탱크 위에 설치되는 것이 아니라 수중에 설치되는 펌프이다. 수중에 설치된다는 의미는 일반적으로 모터의 냉각이 필요하지 않다고 볼 수 있으나, 수중펌프가 설치된 장소와 조건에 따라 물 수위가 모터 부분 이하로 내려가 있을 경우 모터 냉각을 위해 모터 주위에 별도의 냉각수가 흐르도록 덮개(Jacket) 등을 설계해야 한다.

물론 수중펌프의 안전 운전은 모터 냉각만이 아닌 모든 원심펌프에서 설

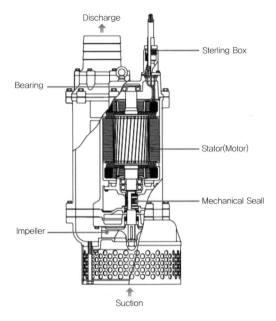

그림 3.29 **수중펌프의 구조도**

명했듯이 원활한 유체이송을 위해 NPSH(Net Positive Suction Head) 조건을 꼭 챙겨야 한다. 그리고 메카니컬씰(Mechanical Seal) 소손 시 건식모터엔 치명적이기 때문에 실(Seal) 소손 감지 센서나 온도감지 센서 등은 꼭 고려해야 할 것이다.

수중펌프는 대부분 오수 및 하수장, 우물, 저수지 그리고 공장 및 건설현장의 오 · 폐수 등이 집결되는 웅덩이 바닥에 설치하게 된다. 바닥에 이물질 등을 이송해야 하는 경우가 많아 기본적으론 밀폐형 임펠러(Closed Impeller) 사용이 불가하기 때문에 개방형 임펠러(Open Impeller), 반개방형 임펠러(Semi-Open Impeller) 그리고 헝겊과 같이 큰 이물질 이송이 필요할 땐 특수 임펠러로 설계되기도 하고, 별도로 흡입 쪽에 스트레이너(Strainer)를 설치해야 하기도 한다.

그러다 보니 수중펌프는 규정과 조건에 따라 앞에서 설명한 VS펌프를 설치할 장소에 저렴하고 간단하게 설치할 수 있으며, 다음과 같이 다양한 수중펌프 종류가 있어 사용범위는 훨씬 넓고 다양하다. 수중펌프는 보통 토목공사현장에서 토출구에 빨간 호스를 끼워서 배수용으로 사용하는 공사용 펌프, 임펠러 하부에 특수 교반기(Agitator)를 부착해 침전된 슬러리, 모래 및 진흙 등을 교반(혼합)하면서 배출하는 샌드수중펌프, 흡입 측 하단에 이물질 커터(Cutter)가 장착된 그라인더(Grinder)펌프, 오·폐수 등의 저수위 위험을 고려해 이송 및 배수 등에서 사용할 수 있는 오·폐수펌프, 오폐수처리시설에서 수중 폭기용으로 쓰이는 공기공급장치(Aerator)와 교반용 믹서(Mixer)펌프 그리고 수문이나 빗물펌프장에서 대용량 이송을 위한 축류펌프와 사류펌프가 있다.

6. 왕복동펌프

1) 플런저펌프

앞에서 회전차(Impeller)를 가진 원심펌프 형태를 살펴봤다면, 이번 장에선 용적형 펌프 중에서도 API674 규정에 따르며 저유량 고양정에 특화된 파워 펌프(Power Pump)인 플런저펌프(Plunger Pump)를 살펴보자. 플런저펌프와 다이어프램펌프의 큰 차이는 플런저 후단에 경막, 즉 다이어프램이 있느냐 없느냐로 구분하게 된다. 그래서 초기엔 API674 규정에 따르는 파워 펌프에는 플런저펌프만이 존재했던 것이 사실이지만, 이제는 펌프의 설계 및 제작능력 발전으로 파워 펌프에도 저유량 고양정을 실현할 수 있는 다이어프램펌프도 있다. 물론 후에 설명할 API675 규정을 따르는 다이어프램펌프도 경막이 없는 플런저펌프 적용이 가능하다 보니 사실상 경막이 있고 없고로 구분하기가 모호한 게 사실이다.

왕복운동을 기초로 한 플런저펌프는 그림 3.30과 같이 모터와 연결된 기어박스(Gearbox)인 펌프 바디와 원심펌프의 케이싱과 임펠러 역할을 담당하는 펌프 헤드(Pump Head 또는 Liquid End)로 나누어진다. 특히 펌프 바디인 기어박스에는 캠(Cam) 또는 크랭크(Crank) 형태의 운동 전환장치가 있어 모터의 회전 운동을 직선운동으로 변환하여 플런저가 왕복운동을 하도록 한다.

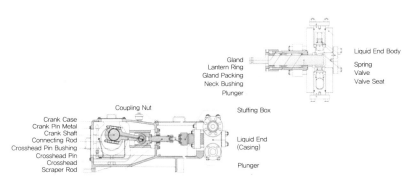

그림 3.30 **플런저펌프의 구조**

펌프 헤드는 흡입 구경 체크 밸브(Suction Check Valve)와 토출 구경 체크 밸브(Discharge Check Valve)가 존재하여 흡입 구경을 통해 유입된 유체를 플런저 왕복운동을 통해 압축된 유체를 토출되도록 한다. 플런저펌프는 왕복동펌프이기에 플런저는 2행정을 지속적으로 하게 되는 플런저가 후진 행정을 할 땐 흡입 구경 체크 밸브가 열려 유체가 유입되고, 플런저가 전진 행정을 할 땐 흡입 구경 체크 밸브는 닫히고, 그러면서 토출 구경 체크 밸브가 열리면서 압력과 유량이 토출되게 된다.

플런저펌프는 피스톤펌프와 비슷하다고 보면 되는데 일반적으로 플런저와 플런저의 구조와 생김새가 다른 것을 제외하면 플런저펌프는 일반적으로 직선운동을 하는 반면, 피스톤펌프는 수직 운동을 하는 것이 다르다. 더불어 플런저펌프가 피스톤펌프보다 좀 더 고유량과 고양정에 적용된다. API674 규정을 따르는 플런저펌프는 기본적으로 하나의 일체형 펌프 바디에 3연식 펌프 헤드를 가진 펌프를 지칭하나, 일반적인 플런저펌프를 얘기한다면 1연식, 2연식 등의 연식과는 관계없이 사양에 따라 적용되는 격막이 없는 플런저로 왕복동하는 펌프를 총칭한다.

그리고 원심펌프가 전원의 주파수를 변환방식, 즉 가변 주파수 운전(VFD, Variable Frequency Drive)과 주로 토출 밸브로 유량 조절을 하는 것에 반해, API674 플런저펌프는 기본적으로 구조상 가변 주파수 운전으로 유량 조절을 한다. 물론 일반적인 플런저펌프는 API675 다이어프램펌프와 같이 가변 주파수 운전과 스트로크(Stroke)란 유량조절장치를 가지고 플런저의 직선 운동 길이를 줄이고 늘려 쉽고 정밀하게 유량 조정을 할 수 있다.

이런 API674 플런저펌프는 양수량이 적으나 구조가 간단하며, 고양정(고압용)에 적합하다. 그러나 왕복동에서 생기는 송수압의 변동이 있어 현장에 따라 맥동방지기를 설치할 필요가 있는데 맥동검토(Pulsation Study)가 요구되기에 차후 설명할 다이어프램펌프에서 자세히 살펴보도록 하자.

아울러 지금까지 설명했던 API674 플런저펌프와 API675 다이어프램펌프의 특성을 표 3.6과 같이 정리했으니 펌프 선정 및 업무 시 참조하면 유용할 듯 싶다.

표 3.6 API674 플런저펌프 vs API675 다이어프램펌프 비교표

	API674 플런저펌프	API675 다이어프램펌프
펌프 형식	용적형 펌프 중 파워 펌프	용적형 펌프 중 정량 펌프
API 적용 Code	API674	API675
가능 유량(Q)	Approx. 450m³/hr	Approx. 150m³/hr
가능 양정(H)	Approx. 30,000m	Approx. 10,000m
효율	매우 좋음	매우 좋음
Cylinder(Pump Head) 수량	기본적으로 Triplex 이상	Simplex부터 Cylinder(Pump Head)를 연결해 Multiplex Head Pump로 활용 가능
압력 형성 방법	플런저의 왕복동운동으로 압력을 형성해 압력이 매우 높음.	플런저의 왕복동운동과 경막을 이용한 압력을 형성해 압력이 높음.
Diaphragm 유 / 무	없음	있음 (Diaphragm 없이 Plunger Type도 가능)
누유(Leakage) 유 / 무	있음	없음
유량조절	펌프 회전수 조절(VFD)[7]로 분사 및 고압 이송에 적합	펌프 회전수 조절(VFD)[7]과 스트로크(Stroke) 조정이 모두 가능하며, 정밀 유량조절 및 주입에 적합
적용 (Application)	저유량·고양정이 필요한 공정	저유량·저양정에서 고양정까지 모든 공정

....

7) Variable Frequency Drive(가변 주파수 운전)는 펌프의 속도를 조절해 유량을 컨트롤하는 운전 방법이다.

	API674 플런저펌프	API675 다이어프램펌프
By-Pass Line 유 / 무	침식으로 추천 안함.	침식으로 추천 안함.
맥동 유 / 무	있음 맥동방지 장치 설치로 해결 가능	있음 맥동방지 장치 설치로 해결 가능
NPSHr 값	높음	유량 양정에 따라 낮을 수도 있고, 높을 수도 있음
진동	높음	낮음
펌프 금액	높음	저유량에선 API674보다 낮으나 고유량에선 높음.
유지보수비용	플런저와 팩킹 등의 마모로 지속적인 유지비가 발생되어 유지보수비는 높음.	부품수가 적고, 플런저와 팩킹이 유압오일 내에 잠겨 있어 유지보수비는 낮음.
유지보수 편의성	중간 숙련공정도로 유지보수가 가능	중간 숙련공정도로 유지보수가 가능
중량 및 설치면적	왕복동펌프 특성상 부피가 커서 설치 면적이 많이 소요됨.	콤팩트한 디자인으로 부피가 작아 설치 면적이 적게 소요됨.

* 상기 내용은 사양(Spec)과 제품 특성에 따라 상이할 수 있다.

2) 다이어프램펌프

다이어프램펌프(Diaphragm Pump)는 기본적으로 API675 규정을 따르며, 모터의 회전 운동을 편심 기구가 왕복운동으로 바꾸어 용적 변화를 발생, 액체를 정량 주입한다고 해서 현장에선 메터링펌프(Metering Pump), 도징

펌프(Dosing Pump), 컨트롤드볼륨펌프(Controlled Volume Pump) 또는 줄여서 'PD(Positive Displacement)펌프'라고도 불린다. 플런저펌프는 유체토출을 위해 플런저가 직접 이송 유체와 접촉해 흡입구 체크 밸브와 토출구 체크 밸브를 작동시킨다. 그러나 이에 반해 다이어프램펌프는 플런저펌프와 다르게 그림 3.31과 같이 펌프 헤드 내 구동원인 플런저 후단에 격막, 즉 다이어프램이 있어 플런저 사이에 유압 자동유와 이송 유체를 분리하는 동시에 플런저의 직선 왕복동에 따라 다이어프램을 팽창과 수축을 반복하면서 압축된 유체를 토출하는 구조이다.

이런 다이어프램펌프의 구조적인 특성에 따라 펌프 헤드 내에 일정한 압

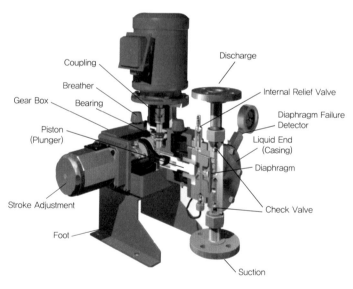

출처 : Nikkiso Catalogue 자료 인용 및 수정

그림 3.31 Metering / Diaphragm Pump 구조

력 이상 시 펌프를 보호하기 위해 플런저펌프와 다르게 내장형 릴리프밸브(Internal Relief Valve)가 기본적으로 설치되고, 프로세스와 시스템 보호를 위해 외장형 릴리프밸브(External Relief Valve) 또한 고려해야 한다. 물론 플런저펌프는 내장형 설치가 불가능하므로 외장형 릴리프밸브를 펌프 보호와 동시에 시스템 보호를 위해 기본적으로 설치해야 한다.

다이어프램펌프 또한 일반적인 구조는 플런저펌프와 비슷하게 모터와 연결된 기어박스(Gearbox)인 펌프 바디와 경막, 내장형 릴리프밸브가 포함된 펌프 헤드로 나누어지며, 펌프 바디인 기어박스에는 캠(Cam) 또는 크랭크(Crank) 형태의 운동 전환장치가 있어 모터의 회전 운동을 직선운동으로 변환하여 플런저가 왕복운동을 하게 돼 있다.

다이어프램펌프의 종류는 원동기로 구동하는 유압식 다이어프램펌프와 직동식(또는 기계식) 다이어프램펌프가 있으며, 공기로만 작동하는 AODD펌프(Air-operated Double-diaphragm Pump) 또는 다른 이름으론 에어 다이어프램펌프(Air Diaphragm Pump)가 있다. 유압식 다이어프램펌프는 주로 중고압에 적용되며 플런저와 다이어프램이 일직선상에 붙지 않고 분리된 상태로 왕복동 행정을 통해 유압으로 압력을 형성하는 펌프이며, 직동식 다이어프램펌프는 유압식과 다르게 플런저에 다이어프램이 일체형으로 붙어서 왕복동하기에 구조상 기본적으로 $7kg/cm^2G$ 미만 저압용에 적용된다.

다이어프램펌프는 플런저의 왕복동에 의해 유량을 계속 밀어내는 방식이므로 주입점 저항에 의한 일정한 토출압 유지가 중요하다. 그래야만 일정한 유량을 유지할 수 있으며, 유량을 밀어내기 위한 다이어프램의 체적과 플런저 경과 플런저 스피드에 따라 유량이 결정된다고 보면 된다.

유량 조절은 플런저펌프에서 설명했듯이 가변 주파수 운전(VFD, Variable Frequency Drive)과 스트로크(Stroke)란 유량조절장치를 가지고 플런저의 직선 운동 길이를 줄이고 늘려 쉽고 정밀하게 유량 조정을 할 수 있다. 스트로크 유량조절장치(Stroke Adjustment)는 수동조절과 자동조절이 있으며, 자동조절에는 일렉트릭 액추에이터(Electric Actuator)와 뉴매틱 액추에이터(Pneumatic Actuator) 방식이 있어 원격으로 유량 조절이 가능하다.

이 펌프는 기본적으로 소유량 고양정에 적합한 펌프로 석유화학 및 산업 현장에서 없어서는 안 되는 펌프인 것은 틀림없으나, 다음 그림 3.32와 같이 플런저의 왕복동에 의한 송수압 변동이 있어 현장 조건에 따라 시스템에 의한 맥동방지 설계 또는 맥동 완충기(Pulsation Dampener)를 설치할 필요가 있다.

맥동이 없는 원심펌프와 다르게 다이어프램펌프와 플런저펌프는 왕복동에 의해 압력 맥동과 유량 맥동을 동반할 수밖에 없는 구조이다. 두 맥동 중에

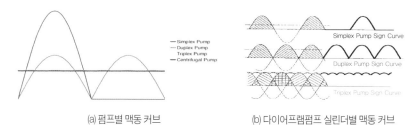

(a) 펌프별 맥동 커브   (b) 다이어프램펌프 실린더별 맥동 커브

그림 3.32 **다이어프램펌프 맥동 커브**

서 운전 중 문제가 될 수 있는 것은 압력 맥동으로, 운전 조건에 따라 시스템적으로나 기계적으로 대책을 마련해야 한다. 다이어프램펌프는 펌프 특성상 모터 하나에 병렬로 펌프를 여러 대 연결해 사용할 수가 있는데, 맥동을 최소화하기 위해 모터 하나에 펌프를 여러 대 연결해 사용하는 것도 방법이다. 그림 3.32(b)와 같이 한 대일 때와 두 대일 때 토출 행정보다 세 대일 때 토출 행정이 현격히 안정적이라는 것을 볼 수 있다. 이는 세 대의 토출 시간을 각각 다르게 해 첫 번째 펌프가 토출하면 두 번째 펌프는 흡입하고 세 번째 펌프는 토출하는 순서로 세 대의 토출 행정이 연속적으로 이뤄지는 형태로 맥동을 최소화할 수 있다. 그러나 세 대, 즉 3연식 이상을 연결해도 더 이상의 맥동 감소는 일어나지 않으며 유량만 증가할 뿐이다.

펌프 자체적으로 맥동을 감소시키는 방법은 3연식까지 연결해 사용하는 방법이 있으나, 이는 비용적인 면과 부피가 넓어진다는 것이 단점이다. 물론 3연식을 사용할 경우 유량변동 시 맥동에 대한 반응이 빠른 것은 장점이다.

이런 펌프 자체적인 맥동 감소 대책 외에 펌프 토출에 직접 설치해 맥동을 감소시켜주는 맥동 완충장치(Pulsation Dampener)가 있다. 일반적으로 가장 많이 사용하고 있는 맥동 완충장치는 펌프 3대 이상의 맥동 감소율을 얻을 수 있는 장점이 있는가 하면, 유량변경 시 맥동 완충장치 내의 체적변화 때문에 맥동에 대한 반응이 3연식 펌프보다는 느릴 수 있다. 이런 이유로 맥동에 민감한 공정을 위해 맥동을 최소화한 무맥동 펌프가 개발되어 사용되고 있다.

다이어프램펌프와 플런저펌프에선 그림 3.33과 같이 맥동 저감장치인 맥동 완충장치 등 몇 가지 중요 액세서리와 흡입특성에 대해 검토할 필요가 있다.

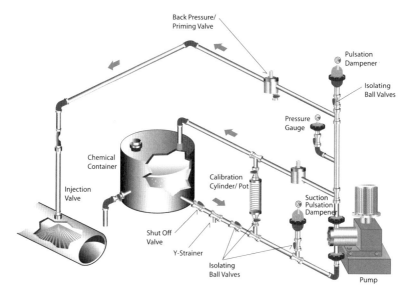

그림 3.33 Diaphragm Pump & Accessories Arrangement 예시

① Calibration Pot

캘리브레션 포트(Calibration Pot)는 탱크 타입(Tank Type)과 실린더 타입(Cylinder / Tube Type)으로 나뉘며, 다이어프램펌프 등의 흡입 배관(Suction Line)에 수직으로 설치하고 펌프 시험 운전 시 실유량을 측정해 상업운전할 때 활용할 목적으로 설치하는 액세서리이다. 측정은 작은 유량은 1분 단위로, 큰 유량은 30초 단위로 하는 것이 일반적이다.

② Pulsation Dampener

맥동 완충장치(Pulsation Dampener)는 Dampener, Damper, Accumulator, Stabilizer, Air Chamber, Resonator 등으로 불리며, 모두 유사한 의미와 기능이 있다고 보면 된다. Dampener와 Damper는 표기 차이만 있을 뿐 같은 의미이지만 정식 기술용어론 Dampener를 많이 사용한다. Accumulator는 같은 기능이지만 고압이나 유압 쪽에 많이 사용되고, Stabilizer는 흡입 쪽에 사용된다. Air Chamber와 Resonator는 내부에 막이 없는 깡통 형태인데, Air Chamber는 15kg/cm^{2}G 미만의 저압에, Resonator는 고압과 고유량에 많이 사용된다.

맥동 완충기는 앞에서 설명한 바와 같이 왕복동펌프의 토출 배관에 수직으로 설치해 왕복동에 의한 맥동을 잡아주는 장치이다. 펌프와 거리는 1~2m 내로 설치하는 것이 효과적이며, Air Chamber와 Resonator는 막이 없어 N2 충전이 필요 없으나 다른 맥동 완충기는 차량 타이어와 같이 상단에 N2 충전이 필요하며, N2 충전은 운전압의 Min. 70%~Max. 85%로 충전하면 된다.

③ External Relief Valve

앞에서 유압식 다이어프램펌프 설명 시 펌프 특성상 내장형 안전밸브가 꼭 필요해 설치되는데, 이번엔 외장형에 대한 설명이다. 외장형 안전밸브(External Relief Valve)는 API520 규정을 따르며 기본적으로 배관 내에 있는 유체의 압력 상승을 방지하기 위해 설정 압력에서 서서히 개방되기 시작하여

25% 과압에서 완전히 개방되는 안전장치이다. 내장형 안전밸브의 설정 압력은 토출압보다 10% 곱해주거나 175kPa(25psi)을 더해 줬을 때 둘 중에 높은 값으로 설정하는 반면, 외장형 안전밸브 설정압은 펌프와 장치 보호를 위해 내장형보다 10% 낮게 하는 것이 일반적이다.

④ Back Pressure Valve

배압 밸브(Back Pressure Valve)는 다이어프램펌프 등의 토출 배관(Discharge Line)에 수평으로 설치해 역류와 사이펀(Siphon)[8] 현상을 방지해 유량을 정밀하게 주입할 수 있게 해주는 액세서리이다. 배압 밸브 설치는 앞의 두 가지 외에도 토출 배관이 길거나 차압이 1kg/cm²G 미만일 때도 정밀 검토에 의해 설치를 고려할 수 있다. 배압 밸브는 평상시에는 닫혀 있고 펌프가 토출해 밸브의 설정 압력 이상이 되면 개방되어 액체가 통과되게 된다.

⑤ Acceleration Head Loss

가속손실수두(Acceleration Head Loss)는 원심펌프에서 안정적인 운전을 위해 흡입비 속도(Suction Specific Speed) 등을 검토해야 하는 것과 같다. 왕복동펌프이다 보니 플런저의 전·후진 행정에 따라 다이어프램의 팽창과 수축 그리고 흡입 쪽 체크 밸브가 열리고 닫힘에 의한 저항이 발생하고,

....

8) 유체 주입점이 펌프보다 낮을 때 토출 끝단에서 유체가 계속적으로 흐르는 현상을 사이펀(Siphon)이라 한다.

이때 플런저의 전진 행정시 다이어프램이 팽창하고 동시에 흡입 체크 밸브가 닫히면서 저항과 함께 미세한 압력과 유량이 유입되는 흡입 쪽으로 역류하면서 가속손실수두가 발생한다.

다이어프램펌프 검토 시 가속손실수두는 꼭 빼놓지 말고 검토해야 할 준의무적인 사항으로 보면 된다. 그림 3.34와 같이 토출보다는 대부분 NP-SH(Net Positive Suction Head)와 관련되어 흡입 쪽을 검토하는 경우가 대부분이다.

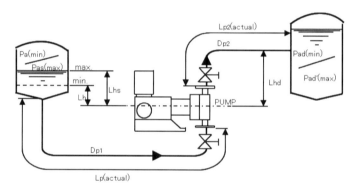

그림 3.34 Diaphragm Pump의 배관 조건 스케치

가속손실수두(Acceleration Head Loss) 계산은 다음 공식을 기준으로 계산해 보면 되는데, 유체 비중과 실제 총 흡입 배관 길이(m) 그리고 흡입 배관 내경(mm)을 확인해 주면 펌프업체에서 계산해 주기 때문에 의뢰하면 된다.

$$\text{Accel. Head(kgf/cm}^2) = \frac{\gamma \cdot Lp1 \cdot N^2 \cdot D^2}{10^7 \times K1 \cdot Dp1^2}$$

γ : 비중

Lp1 : 실제 총 흡입 배관 길이(m)

L : Pump Stroke Lengh(mm)

N^2 : Pump Speed(rpm)

D^2 : Pump Plunger Diameter(mm)

K1 : Pump Factor(1~2연식은 1.5 입력 & 3연식 이상은 4 입력)

$Dp1^2$: 흡입 배관 내경(mm)

앞의 계산식을 활용해 구한 값을 가지고 NPSHa 값에서 빼주면 실제 NP-SHa 값을 알 수 있다. 그러나 현장에선 NPSHr 값이 펌프의 고윳값임에도 불구하고 편의상 가속손실수두(Acceleration Head Loss) 값을 NPSHr 값에 포함해 달라는 경우가 일반적이다.

가속손실수두 값으로 NPSH 관계가 'NPSHr > NPSHa + Acceleration Head Loss'로 역전돼 문제가 생겨서 펌프 운전이 안 되는 경우가 종종 생기게 된다. 이런 경우는 흡입조건을 개선하던지 펌프와 최단 거리 흡입 배관에 맥동 완충기(Suction Dampener / Stabilizer)를 설치해 가속손실수두 값을 없애야 한다.

3) 무맥동펌프

일반 왕복동펌프는 플런저의 전·후진 행정에 의한 맥동을 동반하기에 토출 배관에 맥동 완충기를 설치해 맥동을 최대한 감소시키는 방법을 채택한다. 그러나 스트로크(Stroke) 조절을 통해 유량변경 시 토출량이 맥동 완충기 내로 유입 및 배출되는 과정에서 맥동 완충기 내부공간에 요구 유량으로 고정돼야 하기에 이때 잠시지만 맥동이 발생한다.

이런 유량변동 시에는 맥동 완충기만으론 맥동을 감소시키기엔 한계가 있고, 유량변동 시 맥동 완충기 내부의 용적량을 조절한 유량만큼 채우고 빼는 과정에서 유량 조절에 대한 반응이 느리고, 부식과 침식이 강한 유체는 맥동

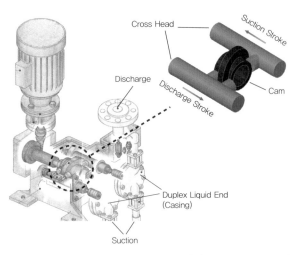

출처 : Nikkiso Catalogue 자료 인용 및 수정

그림 3.35 **맥동을 줄이기 위한 원통형 캠(Cam)**

완충기 사용이 불가한 경우가 있다. 이런 경우를 고려해 개발된 무맥동펌프 (Pulseless Pump)는 중합공정이나 스판덱스(Spandex) 공정, 아라미드(Aramid) 공정, LiBS(Lithium-ion Battery Separator) 공정, SSBS(Solution Styrene Butadiene Rubber) 공정 그리고 필름 도막에 사용되고 있다.

무맥동펌프는 유량도 중요하지만, 기본적으로 운전압력에 초점을 두고 개발된 펌프로 그림 3.35와 같이 편심 기구는 캠(Cam) 방식을 채택해 모터의 회전 운동을 왕복운동으로 바꾸어서 용적 변화를 발생시켜 맥동이 거의 없는 평행곡선을 가지고 유체를 초정량으로 주입하는 펌프이다.

무맥동펌프의 편심 기구인 캠(Cam)은 반곡선 형태의 편심을 둬 그림 3.36 과 같이 플런저의 토출 행정속도보다 흡입 행정속도를 더 빠르게 가져가도록 설계하고, 반대로 토출 행정 시간은 흡입 행정 시간보다 더 빠르게 설계하여 맥동률을 최소화한 구조이다.

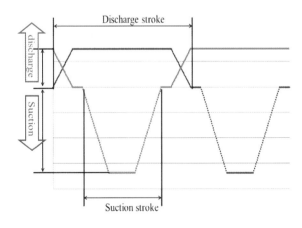

그림 3.36 **무맥동펌프의 Flat Curve 예시**

7. 회전펌프

1) 기어펌프

기어펌프(Gear Pump)는 기본적으로 API676(Positive Displacement Pumps-Rotary) 규정을 따르는 펌프로 외피 내에 두 개의 맞물린 기어가 회전할 때 기어 사이의 골에 액체가 채워지면 케이싱 내부 원주를 따라 밀어내기식으로 토출해내는 대표적인 용적형 펌프이다.

앞에서 설명한 다이어프램펌프와 같이 일정한 유량을 이송하는, 고양정에 적합한 펌프로써 원심펌프의 회전 운동의 장점과 기어 톱니바퀴 사이의 골이 일정하므로 정확한 유량과 압력이송이 가능한 구조이다. 아울러 기어펌프는 일정한 기어 톱니바퀴 사이의 골을 가지고 일정한 유량과 압력을 이송할 수 있어 용정형 펌프로 구분되는데 다이어프램펌프와 다르게 토출압력이 바뀌어도 유량변동이 적은 반면, 정확한 유량제어는 안된다고 봐야 한다. 그러므로 보일러와 같은 연료 분사용 고정 유량 이송 시 유리하다.

기어펌프는 그림 3.37과 같이 두 개의 기어가 케이싱 안에서 회전하는데,

기어 중 하나는 구동축과 연결된 구동 기어(구동 톱니바퀴, Driving Gear)이며, 다른 하나는 구동 기어에 맞물려 돌아가는 피동 기어(피동 톱니바퀴, Driven Gear)이다.

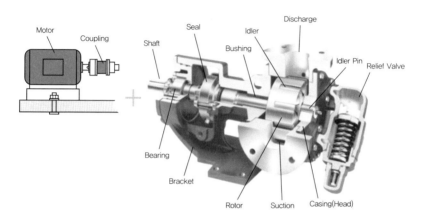

출처 : Viking Pump Catalogue 자료 인용 및 수정

그림 3.37 **내접기어펌프**

기어펌프에는 크게 두 가지가 있는데 그림 3.38(a)와 같이 외접기어펌프(External Gear Pump)는 케이싱 내에서 외접하는 2개의 톱니바퀴가 회전함에 따라서 톱니 골에 채워진 유체가 토출하는 구조이고, 그림 3.38(b)와 같이 내접기어펌프(Internal Gear Pump)는 외접 기어와 내접 기어가 케이싱 내에서 맞물려 회전함에 따라 유체가 토출되는 구조이다.

기어펌프는 두 개의 기어가 맞물려 돌아가는 특성상 윤활 성분이 있는 기름이나 도료, 구리스 등을 이송하는 데 적합하며, 물이나 휘발유 등 점도가

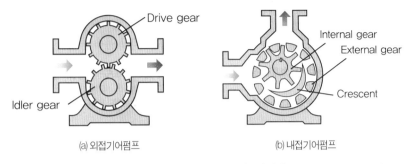

(a) 외접기어펌프   (b) 내접기어펌프

그림 3.38 외접기어펌프(External Gear Pump) vs 내접기어펌프(Internal Gear Pump)

낮은 유체에도 사용할 수 있으나 기어가 쉽게 맞닿을 수 있어 마모 및 소음 우려가 있다. 물론 이물질이 포함된 유체도 이송할 수 있으나, 이 또한 기어 마모가 발생하여 좋은 적용은 아니기에 기어펌프의 일종인 곡선 형태의 기어를 가진 스크루펌프(Screw Pump)를 사용하는 것이 좋다.

2) 스크루펌프

스크루펌프(Screw Pump)도 기어펌프와 같이 기본석으로 API676(Positive Displacement Pumps-Rotary) 규정을 따르는 펌프로 용적형 펌프의 특성에 맞게 밀어내기 펌프의 대표라 할 수 있다. 여름에 즐겨 먹는 아이스크림 중에 '스크류바'란 제품을 알고 있을 것이다. 스크루펌프는 이와 비슷한 형상을 하고 있는데 굴곡 형태의 스크루가 회전하면서 굴곡 틈새에 유입된 유체나 고형물을 밀고 나가는 구조의 펌프이다. 스크루펌프는 모노펌프(Mono Pump) 또는 생김새와 이송형태로 비유해 '스네이크펌프(Snake Pump)'라고도 한다.

스크루펌프는 그림 3.39와 같이 하나 또는 여러 개의 스크루를 사용, 원통형 공동 내에서 회전하여 스크루 스핀들을 따라 유체를 이동시키는 구조이다. 각 스크루의 상호 맞물림과 스크루와 라이너 사이의 밀착으로 인해 펌프의 흡입 입구와 토출구는 하나 이상의 밀폐 공간으로 분리되고, 스크루가 회전하고 결합할 때 이들 밀폐된 공간은 펌프의 흡입 단부에 형성되어 스크루축을 따라 흡입 홈으로부터 배출 단부까지 연속적으로 흡입실 내에서 액체를 밀봉하여 연속적으로 배출해 낸다. 그러다 보니 자흡펌프가 아님에도 자흡력을 가질 수 있는 펌프이다.

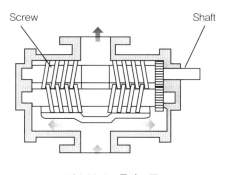

그림 3.39 **스크루펌프 구조**

앞에서 설명한 바와 같이 스크루펌프는 떡방앗간에 있는 가래떡을 뽑는 기계나 학교 근처 문방구점에 있는 슬러시 기계를 연상시키는 구조로 유체의 점도가 높거나 이물질이 포함된 유체 이송에 적합한 펌프이다. 그러다 보니 이물질 이송 시에는 스크루가 마모된다거나 고점도 유체 이송 중에는 막히는 문제가 종종 발생하는 펌프이다. 이물질 유체에 의한 스크루 마모에 대비해 강도가 높은 코팅이나 고무 재질을 스크루에 입힐 수 있어 다양한 재질 사용이 가능한 펌프이기도 하다. 기어펌프와 유사하게 구동부에 의한 스크루가 동등한 속도로 회전되고 부드럽게 액체가 배출되기 때문에 유량변동이나 맥동이 최소화된다고 봐야 한다.

3) 베인펌프

베인펌프(Vane Pump)도 기어펌프와 같이 기본적으로 API676(Positive Displacement Pumps-Rotary) 규정을 따르는 펌프로 용적형 펌프의 특성에 맞게 밀어내기 펌프의 대표라 할 수 있다. 그림 3.40과 같이 원통형 케이싱 안에 편심 된 로터(Rotor)가 들어있으며, 로터에는 홈이 있다. 그리고 그 홈 속에는 판 모양의 여러 장의 베인(Vane, 날개)이 삽입되어 베인 사이에 유체가 유입되며, 유입된 유체는 로터의 회전에 의한 원심력의 작용으로 인해 케이싱 내벽과 밀착된 상태로 기밀을 유지하게 된다.

로터를 회전시키면 베인은 케이싱의 내벽과 밀착된 상태로 기밀을 유지하고, 그로 인해 유체는 로터와 케이싱 사이의 공간에 의해서 흡입과 토출을 연속적으로 진행하게 된다.

여기서 베인은 차량의 서스펜션(Suspension)의 움직임과 비슷하여 편심

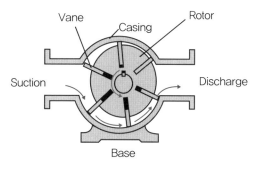

그림 3.40 베인펌프의 구조

된 로터가 회전에 의해 케이싱 내벽으로 슬라이딩(Sliding)할 때 편심으로 일정 길이가 들어갔다가 편심 면을 지나면 베인 안쪽에 있는 스프링 등의 탄성에 의해 다시 원위치로 되는 구조이다.

베인펌프는 편심 된 로터의 홈에 베인을 삽입하는 구조로 케이싱 내벽을 슬라이딩(Sliding)할 수 있게 설계해야 하기에 베인을 너무 크게 하면 한 방향으로 쏠려 균형을 잃게 되는 단점이 있다. 이로 인해 베인펌프는 저유량에 적용되는 경우가 대부분으로 주로 유압펌프에 많이 쓰인다. 특히 역회전하더라도 흡입과 토출 방향을 바꿔 사용할 수 있어 가동 중에 유체의 진행 방향을 바꾸거나 변화를 줘야 하는 공작기, 프레스 등에서도 많이 사용하는 펌프이다.

회전펌프의 전체적인 특징은 다음과 같이 간략하게 네 가지로 요약할 수 있다. 먼저 기본적으로 회전펌프 구조와 특성상 밀어내기 방식으로 자흡기능이 어느 정도 있다. 두 번째로 펌프 특성상 밀어내기 방식이라 점도가 있는 유체에 유용하다. 세 번째로 구동부의 회전에 의해 회전체인 기어(Gear)와 스크루(Screw), 베인(Vane) 등이 동등한 속도로 회전되기 때문에 유량변동

표 3.7 기어펌프와 베인펌프의 단순비교

구조	기어펌프	베인펌프
구조	기어를 주축으로 부품 수가 적고 간단하다.	로터와 베인을 주축으로 회전형 펌프치곤 부품 수가 많고 고정밀도의 가공이 요구된다.
소음	중간	적음
베어링 수명	기어펌프 특성상 베어링부에 직접적인 큰 부하가 걸려 수명이 길지 않다.	베인펌프 특성상 압력 평형식이라 베어링부에 직접적인 큰 부하가 걸리지 않아 수명이 길다.
토출량 변화	정용량형	가변용량 가능
최고 토출압력 (kg/cm²G)	Approx. 210kg/cm²G	Approx. 175kg/cm²G
점도의 영향	고점도 유체에 강함.	일반 유체부터 중점도 유체 이송은 가능하나, 고점도 유체 이송은 불가하다.
효율	좋음 (고점도 이송 시 효율에 큰 영향)	아주 좋음
이물질의 영향	기어 골 틈새가 있어 이물질 이송은 가능하나, 기어 마모의 원인이 됨.	로터 편심에 의한 베인과 외피 사이의 틈새가 적어 이물질에 민감하다.
흡입 성능	좋음 / 자흡 가능	보통 / 자흡 가능
역회전 토출 유 / 무	기본적으로 불가능	가능

* 상기 내용은 사양(Spec)과 제품의 특성에 따라 상이할 수 있다.

과 맥동 변화를 최소화해 무맥동에 가깝다. 네 번째로 회전펌프는 자흡성 흡입조건과 다른 펌프 형태보다 회전체 쪽의 열 발생이 적어 진공펌프로 활용할 수 있다.

8. 진공펌프

특수펌프 중 우리 일상과 가장 밀접한 관계가 있는 진공펌프의 원리는 한 의원에서 치료목적으로 시술받던 부황의 원리나 캔 음료수를 마신 다음에 흡입구 쪽 전면을 손바닥으로 눌러 밀착했을 때 손바닥에 붙게 되는 원리, 또한 내부 쪽 압이 낮아져 진공의 한 형태가 된 것을 말한다.

앞에서 흡입능력을 설명하면서 진공상태에 대해 토리첼리(Evangelista Torricelli)의 수은주 실험을 인용해 간단하게 서술한 바가 있으니 다시 한번 참조하기 바란다. 참고로 무중력과 진공은 완전히 다른 의미인데 무중력은 말 그대로 중력이 없는 상태이고, 진공상태는 어떤 공간 안에 어떠한 물질도 포함하고 있지 않은 상태를 말한다. 다시 말해 공기조차 없기 때문에 일상생활에서 나타나는 공기의 저항이 일어날 수 없다. 그러므로 무거운 소주병과 깃털을 가지고 같은 높이에서 떨어뜨려도 공기의 저항이 무시되기 때문에 동시에 바닥에 도달하게 되는 것이다.

물론 지구에서 완전 진공을 만들기엔 현실적으로 불가능하기에 실질적으로 진공은 대기압보다 낮은 압력을 가진 1atm(760Torr) 이하를 말한다.

진공 영역은 진공도에 따라 진공도 범위 대기압 −1Torr를 저진공(Rough Vacuum), 진공도 범위 1Torr−10^{-3}Torr를 중진공(Fine Vacuum), 진공도 범위 10^{-3}Torr−10^{-7}Torr를 고진공(High Vacuum), 진공도 범위 10^{-7}Torr 이하를 초고진공(Ultrahigh Vacuum)으로 구분한다.

앞에서 진공에 대한 설명이 너무 길었던 거 같은데, 진공펌프를 간단하게 설명하자면 어떤 공간 내부의 공기를 빨아들여 외부로 배출, 내부를 진공상 태로 만드는 기계를 의미한다. 진공펌프의 종류로는 앞장에서 지금까지 설명한 펌프를 활용한 회전진공펌프, 왕복진공펌프 그리고 확산진공펌프와 분사진공펌프 등이 있으며 각각의 특성에 따라 진공이 되는 정도가 다르다. 진공펌프의 종류가 여러 가지로 구분되기 때문에 종류마다 검토하자면 지금까지 설명한 원심펌프 이상의 분량만큼 많으므로 여기서는 회전진공펌프의 원리 및 구조와 진공펌프의 상세한 종류만 설명해 보기로 하겠다.

회전진공펌프는 그림 3.41과 같이 어떤 공간 내부의 공기를 빨아들여 진공과 가깝게 압축시킨 후 이를 배출하는 진공펌프의 일종으로, 일반적으로 압축기의 원리와 비슷하다. 회전진공펌프는 내부에 있는 회전자가 회전하면서 외부에서 빨아들인 공기를 압축시키는 원리를 사용한다. 여기서 실린더 외부를 기름으로 둘러싸서 공기가 새는 것을 막고 압축도를 높인다.

진공펌프는 크게 가스 이송식과 가스 포획식으로 나뉜다. 가스 이송식 진공펌프로는 펌프 내부로 유입한 물질들이 압축되어 배기구보다 높은 압력을 유지하고 있다가 펌프 배기구를 통해 빠져나가는 구조로 로터리 베인 펌프(Dry-running Rotary Vane Pump), 만유식 로터리 베인펌프(Oil

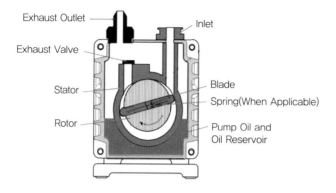

출처 : Vac Aero International Inc.

그림 3.41 회전진공펌프(Oil Sealed Rotary Vane Pump)

Flooded Rotary Vane Pump), 순환 급유식 로터리 베인펌프(Oil Circu-lated Injected Rotary Vane Pump), 배출 급유식 로터리 베인펌프(Once-through Oil Injected Rotary Vane Pump), 로터리 피스톤펌프(Rotary Piston Pump), 로터리 기어펌프(Rotary Gear Pump), 피스톤펌프(Piston Pump), 다이어프램펌프(Diaphragm Pump), 루츠펌프(Roots Pump), 수봉식 펌프(Liquid Ring Pump), 터보분자펌프(Turbo Molecular Pump), 확산펌프(Diffusion Pump), 이젝터펌프(Steam Ejector / Gas Ejector Pump) 등이 있다.

가스 포획식 진공펌프로는 펌프 내부로 유입된 물질들이 펌프 배기구로 배출되지 않고 펌프 내부에 저장되는 구조로 흡착펌프(Absorption Pump), 이온펌프(Ion Pump), 게터펌프(Getter Pump), 승화펌프(Sublimation Pump), 극저온펌프(Cryo Pump) 등이 있으며, 고진공으로 이용되어 연속

사용이 불가하거나 재생이 필요하다.

진공펌프는 배기와 진공 발생, 가스 압송, 건조, 가스 제거 및 반도체와 디스플레이 공정에 사용될 뿐만 아니라 포장 등 진공이 요구되는 모든 공정에 다양하게 쓰이고 있다. 그러나 아직 반도체나 디스플레이 공정에선 진공펌프의 성능과 유지관리 면에서 신뢰할 수 있는 업체가 제한적이라 애로사항이 많은 편이다.

제4장

펌프 관련 기술용어

1. 비속도

비속도(Specific Speed)는 비교회전속도라고도 불리며 간단하게 Ns 값이라 지칭한다. 비속도는 펌프 검토 및 설계 시 펌프 특성 및 형식 결정 등을 판단하는 데 사용되는 중요한 값이다. 즉, 비속도(Ns)는 펌프의 고유 특성인 임펠러(회전차, Impeller)의 형상을 결정하는 물리적인 회전속도로 양정(m), 유량(m^3/min), 펌프 회전수(rpm) 등 세 가지 단수를 가지고 산출한 이론적인 속도 개념으로 보면 된다.

여기서 펌프 회전수(rpm)는 'n', 유량(m^3/min)은 'Q', 양정(m)은 'H'로 표기하며, 계산식은 아래와 같다.

$$비속도\ Ns = \frac{n \times Q^{1/2}}{H^{3/4}}$$

여기에서 유량과 양정은 펌프의 최대임펠러의 최고효율점(BEP, Best Efficiency Point)에서의 값으로 계산하면 된다. 펌프의 유량(m^3/min) 기준은 회전차인 임펠러(Impeller) 한 면의 유량으로 양 흡입 펌프인 경우에는 전체

토출 유량을 2분의 1로 기입해야 하며, 양정(m)은 임펠러 한 장의 개념으로 다단펌프의 경우 한 장의 임펠러를 대입하여 계산한다.

앞의 비속도식을 활용해 얻은 값으로 펌프의 임펠러 형상, 즉 펌프의 형식을 결정하게 되는데, 일반적으로 양정이 높고 토출 유량이 적으면 비속도는 낮아져 원심펌프로 결정되고, 양정은 낮고 토출 유량이 클 때는 비속도가 높게 되어 사류나 축류펌프로 검토되거나 결정된다. 비속도에 따른 임펠러 구조 및 펌프 종류는 미국 유압협회(Hydraulic Institute)에서 발표한 아래 그림 4.1을 참고하면 쉽게 이해할 수 있다.

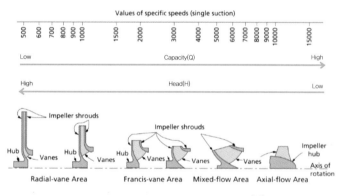

출처 : Hydraulic Institute, USA

그림 4.1 비속도에 따른 임펠러 구조 및 펌프 종류

앞의 그림 4.1과 같이 비속도(Ns) 값에 따라 임펠러 형상이 결정된다는 것은 펌프의 성능과 형식도 함께 결정된다고 봐야 한다. 다음 표 4.1과 같이 용적형 펌프는 저유량 고양정 펌프로, 일반적으로 200 정도의 Ns 값을 가지며,

표 4.1 일반적인 비속도 값(Ns)에 따른 펌프형식

비속도(Ns) 범위(Specific Speed Range)	펌프 형식(Pump Type)
300 이하	용적형 펌프(Displacement Pump)
300~2,000 또는 2,000 이하	원심펌프(Centrifugal Pump)
2,000~5,000	터빈 & 수중펌프(Turbine & Submersible Pump)
4,000~10,000	사류펌프(Mixed Flow Pump)
9,000~15,000	축류펌프(Axial Flow Pump)

그나마 회전펌프만이 최대 300 정도의 Ns 값을 가지고 있다. 원심펌프 중에 Ns 값이 300 이하도 있지만 300~2,000 범위의 Ns 값을 원심펌프로 사용되며, 2,000~5,000의 Ns 값을 보이면 수중펌프로, 4,000~10,000의 Ns 값은 사류펌프로, 9,000 이상의 Ns 값을 보이면 축류펌프로 적용하는 게 보편적인 방법이다.

2. 펌프의 상사 법칙

상사 법칙에서 상사(相似, Similarity)란 한자 그대로 닮음을 뜻하는 말로, 어떠한 현상을 실험하고자 할 때 실제 구조물로 하기엔 물리적이나 경제적인 측면에서 어려움이 생긴다. 그래서 실험을 할 때 주로 축소모형을 만들거나 유사한 실험조건을 구성해 실험한 후 축소모형의 결과를 가지고 원형조건으로 환산해 보는 것을 사용한다.

펌프도 비속도가 같은 펌프는 크기가 다른 경우에도 기하학적인 상사성 및 펌프 내부에서 일어나는 양정, 회전수, 동력 등의 펌프 성능에 대해서도 역학적인 상사성이 일어나는 것을 의미한다. 따라서 한 펌프에서 다른 회전수의 성능을 추정하는 데도 효과적으로 이용될 수 있다.

서로 기하학적으로 상사인 펌프라면 회전차 부근의 유선 방향, 즉 속도 삼각형도 상사로 되어 두 개의 펌프 성능과 회전수, 임펠러 지름과의 사이에 다음 관계가 성립하게 된다.

유량비의 경우;

$$\frac{Q_2}{Q_1} = \left(\frac{n_2}{n_1}\right)^1 \left(\frac{D_2}{D_1}\right)^3$$

양정비의 경우;

$$\frac{H_2}{H_1} = \left(\frac{n_2}{n_1}\right)^2 \left(\frac{D_2}{D_1}\right)^2$$

동력비의 경우;

$$\frac{L_2}{L_1} = \left(\frac{n_2}{n_1}\right)^3 \left(\frac{D_2}{D_1}\right)^5$$

여기서 두 대의 펌프가 상사일 때 유량은 임펠러의 지름(D) 3승에 비례하고, 양정은 임펠러 지름 2승에 비례하고, 동력은 임펠러의 지름 5승에 비례하여 증가한다는 것을 알 수 있다. 즉, 크기가 두 배인 베인펌프를 상사 법칙에 맞춰 개발하면 유량은 8배가 되고, 양정은 4배가 된다는 것을 추정할 수 있다.

....

Q_1 : 변경 전 유량, Q_2 : 변경 후 유량, H_1 : 변경 전 양정, H_2 : 변경 후 양정, L_1 : 변경 전 동력, L_2 : 변경 후 동력, n_1 : 변경 전 rpm, n_2 : 변경 후 rpm, D_1 : 변경 전 임펠러 외경, D_2 : 변경 후 임펠러 외경

만약 두 개의 임펠러 지름이 같다면, 이를 추정하기 위해 펌프의 회전속도를 변경시켰을 때의 상사 법칙은 다음과 같다.

$$유량 : \frac{Q_2}{Q_1} = \frac{n_2}{n_1}$$

여기서 Q_1은 n_1에서의 유량, Q_2는 n_2에서의 유량, n_1과 n_2는 펌프의 회전수(rpm)이다.

$$양정 : \frac{H_2}{H_1} = \left(\frac{n_2}{n_1}\right)^2$$

여기서 H_1은 n_1에서의 양정, H_2는 n_2에서의 변경된 양정, n_1과 n_2는 펌프의 회전수(rpm)이다.

$$동력 : \frac{L_2}{L_1} = \left(\frac{n_2}{n_1}\right)^3$$

여기서 L_1은 n_1에서의 동력, L_2는 n_2에서의 변경된 동력, n_1과 n_2는 펌프의 회전수(rpm)이다.

동일 펌프를 다른 속도로 운전할 경우, 앞의 식에서 보이듯이 유량은 펌프의 회전수에 비례하고, 양정은 제곱에 비례하며, 동력은 세제곱에 비례하는 것을 알 수 있다.

결국 펌프는 유량, 양정, 동력에 의해서 성능을 발휘하는데, 펌프 한 대를 다른 속도로 운전할 때 유량이 부족해 회전수를 1배 늘리면 유량은 1배 증가하고, 회전수를 2배 늘리면 양정은 4배 증가하고, 회전수를 2배 늘리면 축동력은 8배 증가하게 된다.

3. 흡입 비속도

흡입 비속도(Suction Specific Speed)는 비속도와 유사용어로 종종 혼선을 일으키는 경우가 있다. 그러나 임펠러에 초점을 맞춘 것은 같으나 다른 용어이다. 비속도(Specific Speed)가 이론적으로 펌프의 임펠러 형상과 펌프의 형식을 정하는 요소라면, 흡입 비속도는 비속도에 의해 정한 임펠러 형상에 추가적으로 케이싱의 입출구를 조정하면서 임펠러 날개깃(Impeller Vane) 등을 설계하고 적용하는 또 하나의 펌프 고유의 특성이라 보면 된다.

흡입 비속도는 무차원수로 펌프의 안정적인 운전이 가능한 값이며 'NSS' 또는 '3S 값'이라 불린다. 이렇듯 흡입 비속도는 말 그대로 흡입에 관계된 특성으로 임펠러 날개깃을 사양에 맞게 개발하고 적용 시 활용된 고윳값이므로 펌프 제작 및 설계자 외에는 흡입 비속도 값을 알기란 쉽지 않다. 그러므로 아래 식을 활용해 흡입 비속도 값을 역산해 펌프의 선정이 안정적인가를 검증할 필요가 있다.

$$S = \frac{N \times Q^{1/2}}{NPSH_R^{3/4}}$$

여기서 펌프 회전수(rpm)는 'N', 유량(GPM)은 'Q', 필요흡입수두(m)는 'NPSHr'로 표기한다.

비속도 식과 흡입 비속도 식의 차이점은 양정(H) 대신 NPSHr(필요흡입수두) 값으로 바뀐 것이다. 비속도와 같이 흡입 비속도도 유량과 NPSHr의 기준은 펌프의 최대임펠러의 최고효율점(BEP, Best Efficiency Point)에서의 값으로 계산하면 된다. 앞의 공식을 보면 NSS 값을 낮추기 위해선 NPSHr 값을 높여야 하며, 반대로 NSS 값을 높이기 위해선 NPSHr 값을 낮추어야 한다.

다시 말해 흡입 비속도 값이 낮다는 것은 어떤 고정된 양정을 기준으로 펌프의 유량 범위가 넓으나 NPSHr 값이 높아진다는 것이고, 흡입 비속도 값이 높다는 것은 유량 범위가 좁으나 NPSHr 값은 낮아진다는 의미로 봐도 무관하다. 그러나 NPSHr 값도 설계 시 펌프의 고유 특성으로 임펠러가 선정되면 케이싱과 통합된 고유의 NPSHr 값을 가지게 되어 유량이 커지면 NPSHr 값도 커지게 된다. 이는 흡입 비속도가 펌프 자체 공동현상(Cavitation)의 발생한계를 판정하기 위한 계수로 봐야 하며, 앞의 식을 가지고 구해보면 선정된 펌프의 안정성을 NPSHr 값을 통해 검증할 수 있게 된다.

그렇다면 흡입 비속도 값의 안정적인 범위는 어디까지 정해야 하는지가 궁금해지게 된다. 지금까지 축적된 경험과 모든 펌프 제작사들의 검증된 제품을 조사한 결과 8,000~12,000 사이의 수를 가질 때 가장 안정적으로 운전된다고 보고 있다.

그래서 이상적인 범위 8,000~12,000 범위를 벗어난 펌프들은 검증이 안

된 펌프일 가능성이 크고, 장기간 운전 중에 전체적인 불균형으로 소음이나 진동 등 이상 현상이 발생할 확률이 높아질 수 있다. 그러나 이상적인 흡입 비속도 범위가 안정 운전을 위한 절대적인 것은 아니다.

4. 공동현상

공동현상(Cavitation)은 펌프가 필요로 하는 최소한의 흡입 측 수두가 없으면 발생하는 현상이다. 펌프 케이싱 흡입 쪽으로 기포가 유입되거나 유로에서의 장애 등에 의해 압력이 낮아져 증기압 이하로 되면서, 유체가 기체로 바뀌어 기포가 압력을 받아 발생한 충격파로 인해 임펠러나 외피 등을 침식(마모)시키는 현상을 의미한다.

이런 공동현상은 유체의 압력이 포화증기압 이하로 되면 발생하기 때문에 공동현상을 방지하기 위해서는 외피 내에서 포화증기압 이하로 안 되게 하면 된다. 그러기 위해서는 운전조건에 따라 정해지는 유효흡입수두(NPSHa, Net Positive Suction Head Available)와 펌프의 고유 흡입능력을 나타내는 필요흡입수두(NPSHr, Net Positive Suction Head Required), 펌프의 최소유량, 공동현상 원인과 영향 그리고 대책에 대하여 설명할 필요가 있다.

① 유효흡입수두

유효흡입수두(NPSHa, Net Positive Suction Head Available)는 펌프

가 설치된 현장조건에서 펌프 자체의 성능과는 무관하게 고객사 흡입 측의 배관 및 시스템에 따라 정해지는 값이다. 유효흡입수두는 유입되는 압력을 유체의 포화증기압과 마찰손실을 뺀 값으로 생각할 수 있으며, 유효흡입수두(NPSHa 또는 NPSHav) 값은 아래의 식으로 계산한다.

$$\text{NPSH available} = \frac{10(P_1 - P_v)}{r} + H_s - h_{sl}$$

P_1 = 흡입 측 탱크 액면에 작용하는 절대압력(kgf/cm abs)

r = 유체 비중

H_s = 펌프 흡입구 중심선부터 흡입 측 탱크 액면까지의 높이 위를(+) 아래를(−)(m)

h_{sl} = 흡입 측 전관로 손실(m)

P_v = 펌프 입구 온도에 있어서 액의 증기압(kgf/cm abs)

② 필요흡입수두

필요흡입수(NPSHr, Net Positive Suction Head Required)는 펌프 임펠러 입구 부근까지 유입되는 유체는 임펠러에서 가압 되기 전에 일시적인 압력 강하가 발생하는데 이에 해당하는 수두를 의미한다. 앞에서 흡입비속도를 설명하면서 펌프의 고윳값이기도 한 필요흡입수두(NPSHr 또는 NPSHre)는 유효흡입수두(NPSHa 또는 NSPSHav)보다 무조건 낮아야, 즉 NPSHa ≥ NPSHr × 1.3(1.3은 여유율)으로 정의되어야 공동현상을 방지할 수가 있다.

③ 펌프의 최소유량

펌프의 최소유량(Minimum Flow)은 펌프가 냉각과 윤활을 통해 안정적으로 운전하기 위한 최소한의 유량을 말하며, 펌프의 고유 특성으로 NPSHr과 같이 펌프마다 다르다. 이는 '최소연속유량(Minimum Continuous Flow)'이라고도 불린다.

따라서 펌프가 최소유량 이하로 구동될 땐 냉각과 윤활 부족으로 온도상승이 일어나고 이로 인해 내압이 상승하면서 공동화 현상이 발생하기 때문에 최소유량이 필요하다.

④ 공동현상 영향

앞에 검토된 흡입조건과 최소유량에 의해 방생될 수 있는 공동현상(Cavitation)은 임펠러 입구에서 국부적으로 발생하는 경향이 크며, 생성된 기포가 유체의 흐름에 따라 이동하여 고압부에 이르러 갑자기 붕괴하는 현상이 반복되면서 펌프의 유량과 양정이 저하되고, 진동과 소음을 수반하면서 나중에는 양수불능을 초래한다.

그리고 공동현상이 오랜 시간 동안 지속할 경우 기포가 터질 때 생기는 충격으로 임펠러와 케이싱에 침식이 발생한다.

⑤ **공동현상 방지책**

펌프는 될 수 있는 대로 양압식 수조 형태로 사용하고, 설치 위치를 가능한 한 낮게 한다.

흡입손실수두를 최소로 하기 위하여 흡입관을 가능한 한 짧게 하고, 흡입관은 펌프 흡입 구경보다 적어도 같거나 한 치수 큰 직경을 사용한다. 관내 유속을 작게 하여 가능한 NPSHa를 충분히 크게 만든 조건에서 운전해야 하고, 일반적으로 'NPSHa ≥ NPSHr × 1.3' 등식을 따르면 공동현상은 생기지 않는다.

흡입 수조에서 유량 흐름이 과도한 편류나 와류가 생기지 않도록 하고, 흡입구 측에 버터플라이 밸브(Butterfly Valve)와 같이 높은 마찰손실을 일으키는 액세서리를 사용하지 않는 것이 좋다. 흡입 측 밸브에서 절대로 유량조절을 해서는 안 되며, 저양정, 고양정 영역에서의 NPSHr 값이 크기 때문에 최소유량 근처나 과대 토출량의 범위에서 운전하게 되면 공동현상이 발생할 수 있어 지양할 것을 권한다.

5. 수격작용

수격작용(Water Hammer Effect)이란 배관 내의 유체의 흐름을 어떤 이유로 인해 막으면 유속이 급히 바뀌면서 유체의 운동에너지가 압력에너지로 변하여 관내압력이 상승해 배관과 펌프에 손상을 주는 현상이다. 일반적으로 수격현상이 문제가 되는 것은 정전 등에 의한 펌프의 급정지 시에 대부분 발생하지만 기동할 때에도 생기는 경우가 있으니 주의를 요한다.

① 원인

수격작용에 대한 정의에서 설명한 바와 같이 정전 등으로 갑자기 펌프가 정지할 경우나 밸브를 급히 열었을 경우 그리고 펌프의 정상운전 시 유체의 압력변동이 있는 경우에 수격현상이 발생한다.

② 수격작용의 영향

수격작용에 의해 일어나는 압력상승이 과대한 경우는 매우 큰 소음을 발생시키며, 펌프, 밸브, 배관 이음쇠 등을 진동시켜 누수를 발생시키고 파손의 원인이 되기도 한다. 그리고 주기적인 압력변동 때문에 자동제어계 등 압력 조절을 하는 기기들이 난조(亂調)를 일으킨다.

③ 수격작용 방지책

수격작용에 의한 압력상승은 일반적으로 관내 유속의 14배 그리고 토출압력의 2~6배 정도 차이를 보이기 때문에 배관경을 굵게 하여 가능한 유속을 낮추고, 펌프의 토출 측 체크 밸브(Check Valve)는 해머리스 체크밸브 (Hammerless Check Valve)를 사용하고, 유량조절 밸브를 펌프 토출 측 직후에 설치하고 5초 이상 간격으로 적당하게 밸브제어를 한다. 그리고 펌프 토출 측에 조압수조(Surge Tank)나 정량펌프에서 배운 맥동 완충기(Accu-mulator) 등을 설치하고, 많이 활용되는 방법은 아니지만 대용량의 펌프라면 플라이휠(Fly Wheel)을 설치하여 펌프의 급기동 급정지를 예방하는 것도 방법이다.

6. 서징

서징(Surging) 현상은 펌프 운전 중에 토출 쪽 압력계기의 눈금이 주기적으로 크게 흔들리고 동시에 토출 유량도 어떤 범위에서 주기적으로 변동되는 현상이다. 이때 흡입과 토출 배관은 주기적으로 진동과 소음을 동반하고 장기간 계속되면 펌프나 관련된 계기들의 파손이 발생하게 된다.

① 원인

서징 현상은 다음의 세 가지 조건이 동시에 갖추어 졌을 때 한해 발생한다.

ⓐ 펌프 성능곡선이 그림 4.2와 같이 오른쪽 위로 향하는 산(山)형 구배 특성을 가지고 있으며, 사선부에 사양점이 있는 경우 서징 발생 가능성이 있다.

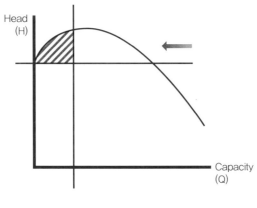

그림 4.2 산(山)형 곡선

ⓑ 토출 배관상의 일부에 가스가 고여있을 때, 즉 그림 4.3과 같이 토출 배
관이 입형 배관이어서 가스가 배관 내에 고여있을 여지가 있는 경우 서
징 발생 가능성이 있다.

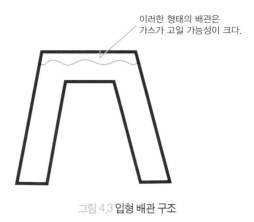

이러한 형태의 배관은
가스가 고일 가능성이 크다.

그림 4.3 입형 배관 구조

ⓒ 토출 측 밸브 등이 펌프에서 멀리 떨어져 있는 경우 서징이 발생할 수 있어 되도록 콘트롤 밸브는 펌프 토출구에서 2m 내에 설치하는 것이 좋다.

② 서징 현상의 영향

펌프의 토출압력과 토출 유량 사이에 주기적인 변동이 일어나는 현상으로서 압력계의 바늘이 흔들리고 토출 유량이 변화한다. 서징 현상이 발생하면 그 변동 주기는 거의 일정하여 앞의 원인을 개선해 인위적으로 운전상태를 바꾸지 않는 한 계속하여 반복된다.

③ 서징 현상 방지책

펌프의 성능(H-Q)곡선이 산(山)형이 아닌 우하향 곡선을 선택하고, 배관 중의 불필요한 수조 또는 기체 상태에 있는 잔류공기를 제거하고, 유량조절 밸브는 토출 측 직후에 설치한다. 그리고 변속기를 설치하여 펌프의 임펠러 회전수를 변화시키거나 경제성을 검토해 임펠러나 디퓨저 등의 치수나 형상을 바꿔 운전특성을 변화시킨다.

7. Heavy Duty Service와 Light Duty Service 의미

원론적인 의미로 헤비 듀티(Heavy Duty)나 라이트 듀티(Light Duty)는 어떤 제품 또는 부품에 대한 성능이나 기능의 강도를 나타내는 말로 Heavy duty가 가장 세거나 좋고 Medium duty, Light duty 순이다.

Heavy Duty Service와 Light Duty Service를 구분하기 위해서는 우선 원유산업과 석유산업의 업스트림(Upstream)과 다운스트림(Downstream)에 대한 의미를 이해하고 넘어가야 한다.

원유산업에서의 업스트림은 원유와 천연가스를 찾아 시추해 생산하는 과정이고, 미드스트림(Midstream)은 생산된 원유와 천연가스를 저장설비에 저장하는 과정이고, 다운스트림은 그림 4.4와 같이 원유정제를 통한 LPG, 납사(Naphtha, 나프타), 휘발유, 경유, 등유, 중유 등을 생산하는 과정으로 보면 된다.

석유화학산업에서의 업스트림은 그림 4.5와 같이 원유산업에서 원유정제를 통해 얻은 납사 원료를 가져와 NCC(납사분해공정, Naphtha Cracking Center) 설비에서 기초유분(Monomer) 생산설비 과정이고, 다운스트림은

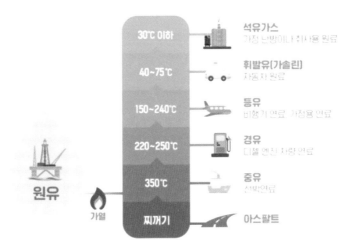

30℃ 이하	석유가스
	가정 난방이나 취사용 원료
40~75℃	휘발유(가솔린)
	자동차 원료
150~240℃	등유
	비행기연료 가정용 연료
220~250℃	경유
	디젤 엔진 차량연료
350℃	중유
	선박연료
찌꺼기	아스팔트

원유

가열

그림 4.4 **원유정제**

업스트림 과정에서 얻은 기초유분을 바탕으로 중간유분(VCM, P-X, SM) 등을 생산하고, 이를 합성하여 다양한 합성수지(폴리에틸렌, 폴리프로필렌, 폴리스타이렌), 합성고무(SBR, BR), 합성섬유원료(TPA, AN, 카프로락탐) 등을 생산하여 가공 산업자에게 원료를 제공하는 과정이다.

Heavy Duty Service 범위를 기본적으로 유체의 온도 등 특성과 공정의 특성을 가지고 정할 수 있겠지만, 필자의 경험으론 원유산업 분야와 석유산업 분야 중 중간유분 생산과정까지를 Heavy Duty Service 범위로 이해하는 것이 적절할 듯하다. 그러나 원유산업 분야와 석유산업 분야 중 중간유분 생산과정 중에서 공정에 따라 Light Duty Service가 있으며, 반대급부로 석유산업 분야 중 중간유분 생산과정 이후 공정에도 Heavy Duty Service가

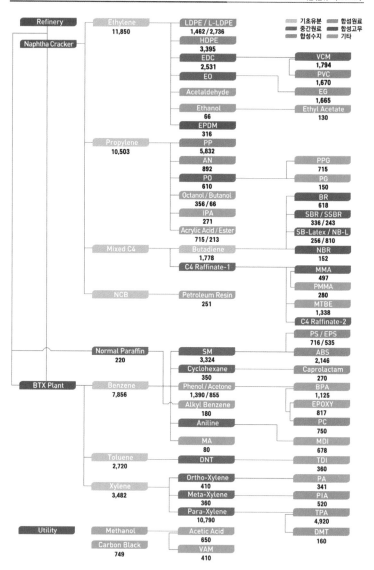

그림 4.5 국내 석유화학제품 계통도

출처 : 한국석유화학협회

있으니 현업에서 펌프선정 및 적용 시 유체의 특성과 공정의 특성을 잘 이해

고 현장과 잘 소통할 것을 당부한다.

8. 펌프와 관련된 표준

1) API와 API 펌프

API는 미국석유협회(American Petroleum Institute)의 약자로 미국 정유회사, 유전개발회사, 관련 설비 제조업체들이 자발적으로 만든 비영리단체이다. 단체명에서 보듯이 석유 및 석유화학 분야와 관련된 협회로 초기엔 자체기술 표준을 수립하고 규정해 적용하다가 미국의 표준이 되고 사실상 세계 표준이 되었다. API에서 수립한 수많은 API Code가 있지만, 이 장에서는 펌프와 관련된 API 표준에 관한 내용만 살펴볼 예정이니 상세한 내용은 각각의 API Code집을 찾아 습득하기를 바란다.

아울러 API 코드와 앞으로 살펴볼 ANSI, ASME, ISO 그리고 KS 등 모든 표준과 기준을 따르는 이유는 제품의 품질과 신뢰를 위함도 있지만 가장 궁극적인 목적은 전체적인 안전을 도모하기 위함임을 잊지 말아야 한다.

① API610 Code

API610 코드는 'Centrifugal Pumps for Petroleum, Petrochemical and Natual Gas Industry Service'를 지칭하는 기준으로 석유화학에 적용되는 원심펌프를 규정하고 있으며 현재 12판까지 발행되었다. 앞의 제2장에서 펌프를 설명하면서 API610은 'Heavy Duty Design' 등에 적용하는 펌프로 OH Pump와 VS Pump가 있어 구조적으로 구분해 설명한 바 있다. API610 펌프는 기본적으로 최소한 40bar의 설계압력을 견뎌야 하며, 3년간 무고장 연속운전 및 20년간 사용할 수 있도록 설계되어야 한다고 설명한 바 있다. 여기서 무고장이란 회전 기계에 맞게 내부 소모품은 제외한 상태를 의미한다.

② API611 Code

API611 코드는 'General-purpose Steam Turbines for Petroleum, Chemical and Gas Insdustry Service'를 지칭하는 기준으로 펌프와 무관할 수 있지만, 펌프의 구동을 전기모터뿐만 아니라 스팀터빈으로도 많이 구동하기 때문에 스팀터빈에 관한 규정도 살펴볼 필요가 있다.

③ API612 Code

API612 코드는 'Petroleum, Petrochemical and Natural Gas Industries - Steam Turbines - Special Purpose Applications'를 지칭하는 기준으로 API611 코드가 일반적인 스팀터빈과 관련되어 있다면 API612 코

드는 말 그대로 스페셜한 구조를 요구하는 스팀터빈, 즉 대부분 대용량 펌프를 구동하기 위한 스팀터빈을 규정하고 있어 API611 코드와 함께 살펴볼 필요가 있다.

④ API613 Code

API613 코드는 'Special Purpose Gear Units for Petroleum, Chemical, And Gas Industry Services'를 지칭하는 기준으로 펌프를 처음 접하는 사람에겐 앞에 언급한 API611 코드 그리고 API612 코드와 함께 그리 좋지 않은 규정집이라 여겨진다.

API610 OH6펌프와 API674 펌프 그리고 API675 펌프 등을 구동 시 유량과 양정에 따라 전동기의 속도를 감속 또는 증속해 전동기의 속도와 다르게 조절해서 운전할 경우 기어박스(Gearbox)를 사용하게 되므로 살펴볼 필요가 있다.

⑤ API614 Code

AP614 코드는 'Lubrication, Shaft-sealing and Oil-control Systems and Auxiliaries'를 지칭하는 기준으로 펌프에 강제윤활 시스템(Forced Lube Oil System)을 적용해야 할 때 활용된다. 앞에서 API610 BB2 이상 펌프를 설명할 때 잠깐 언급한 적이 있는데, 강제윤활 시스템은 대용량 펌프의 경우 슬라이딩베어링(Sliding bearing)을 채택하는 경우가 많아 베어링 특성상 강제윤활이 필요할 경우에 적용하는 규격이다. API614 코드는 ISO

10438과 동등하게 취급되고 있으므로 추가적으로 API614 코드와 함께 살펴볼 필요가 있다.

⑥ API671 Code

API671 코드는 'Special-Purpose Couplings for Petroleum, Chemical, And Gas Industry Services'를 지칭하는 기준으로 API610 펌프 등 구동부와 펌프부를 연결하는 매개체인 커플링(Coupling)으로 위에서 언급한 API610 규정에 일반적인 규정은 설명돼 있으나 대용량 펌프인 경우, 즉 큰 동력이 요구되는 펌프에는 API671 코드를 적용해야 한다. API671 코드는 ISO 10441과 동등하게 취급되고 있으므로 추가적으로 API671 코드와 함께 살펴볼 필요가 있다.

⑦ API674 Code

API674 코드는 'Positive Displacement Pumps Reciprocating'을 지칭하는 기준으로 앞에서 살펴본 용적형 펌프인 왕복동펌프 중 플런저펌프에 해당한다. API674 펌프는 저유량 고양정에 특화된 파워 펌프(Power Pump)인 플런저펌프로, 기본적으로 다이어프램, 즉 경막이 없이 한 개의 기어박스(Gearbox)에 3개의 플런저 헤드(Plunger Head)가 장착된 형태이다. 스트로크(Stroke)란 유량조절장치가 없어 VFD(가변 주파수 운전)로 펌프 스피드를 컨트롤해 유량을 조절하는 것이 특징이다. 이는 API610 OH6펌프와 함께 저유량 고양정을 실현할 수 있는 펌프로 현장에 많이 활용되고 있어 잘 살펴봐야 할 코드이다.

⑧ API520 Code

API520 코드는 'Sizing, Selection and Installation of Pressure-relieving Devices in Refineries'를 지칭하는 기준으로 석유 및 석유화학 공장에서 이상 상황이나 긴급상황에서 급격한 압력상승을 정지시키거나 제어하기 위해 자동적으로 압력방출장치가 요구되어 압력방출장치의 기준에 관한 표준이다. 용적형 펌프와 함께 활용되는 경우가 많기 때문에 API520 코드는 API521 코드 그리고 API526 코드도 함께 살펴봐야 할 코드이다.

⑨ API675 Code

API675 코드는 'Positive Displacement Pumps Controlled Volume for Petroleum, Chemical, and Gas Industry Services'를 지칭하는 기준으로 앞에서 살펴본 용적형 펌프인 왕복동펌프 중 경막이 있는 다이어프램 펌프에 해당한다. API675 펌프는 소유량 고양정에 특화된 펌프로 유체를 가장 잘 정량주입한다 해서 현장에선 메터링펌프(Metering Pump), 도징펌프(Dosing Pump), 컨트롤드 볼륨펌프(Controlled Volume Pump) 또는 줄여서 PD(Positive Displacement)펌프라고도 불린다. API675 코드는 앞에 API674 펌프와 종종 비교되는 표준으로 잘 살펴봐야 할 코드이다.

API676 코드는 'Positive Displacement Pumps Rotary'를 지칭하는 기준으로 앞에서 살펴본 용적형 펌프인 회전펌프에 속하며 기어펌프(Gear Pump), 스크루펌프(Screw Pump) 그리고 베인펌프(Vane Pump) 등을 규정하고 있다. API675 다이어프램펌프와 같이 일정한 유량을 이송하면서 고양정에 적합한 펌프로서 원심펌프의 회전 운동의 장점을 이용하기 때문에 정확한 유량과 압력이송이 가능한 펌프이므로 잘 살펴봐야 할 코드이다.

⑪ API682 Code

API682 코드는 'Pumps – Shaft Sealing Systems for Centrifugal and Rotary Pumps'를 지칭하는 기준으로, 앞에서 살펴본 API610 펌프와 API676 펌프 등의 밀봉 또는 일반적인 기계나 시스템의 샤프트 밀봉에 사용되는 메카니컬씰(Mechanical Seal) 등 밀봉에 대한 코드로 펌프 규정과 함께 꼭 살펴봐야 할 코드집으로 ISO 21049와 동등하게 취급되고 있다.

⑫ API685 Code

API685 코드는 'Sealless Centrifugal Pumps for Petroleum, Heavy Duty Chemical, And Gas Industry Services'를 지칭하는 기준으로, 앞에서 살펴본 친환경 펌프인 'Canned Motor Pump'와 'Magnetic Pump' 등 'Non-Seal Pump'에 대한 규정으로 최근에 가장 많이 대두되고 있으므로 잘 살펴봐야 할 코드이다.

2) ANSI와 ANSI 펌프

ANSI는 미국국가표준협회(American National Standards Institute)의 약자로 사업가, 산업계, 표준개발자, 무역협회, 노총, 전문가 집단, 소비자, 학교, 정부 기관 등이 출연한 비영리단체이다. ANSI는 규정을 만드는 곳이 아닌 표준들을 개발하는 조직들의 절차들을 공인함으로써 표준들의 개발과 사용을 감독하는 곳이다.

ANSI와는 별개로 ASME가 있는데 미국기계학회(The America Society of Mechanical Engineers)의 약자로 보일러와 압력용기의 표준 및 기준에 대해 세계적으로 가장 공신력을 가지고 있다.

ANSI와 ASME는 별개의 단체가 맞으나 1980년대부터 부분적인 통합이 진행돼 오면서 ANSI 표준 중 ASME로 이관되어 현재는 배관, 밸브(Valve) 및 그 연관 기계와 부품의 영역까지 포함하고 있으며, 기준 앞에 ANSI / ASME B73.1M, ANSI / ASME73.2M, ANSI / ASME73.3M 등으로 표기하고 있었으나 일반적으로 앞에 ANSI 표기는 현재 생략해 사용한다. 그러므로 ANSI의 위상과 표준들에 대한 승인과 사용권을 감독하는 권한이 있어 현장에선 ANSI 펌프로 불리고 있다.

ANSI 펌프는 기본적으로 ASME B16.5의 플랜지(Flange) 규정을 따르고 있으며, 최고 적용온도는 260℃까지 설계되어 있다. ANSI 펌프의 최대장점은 제작사와 관계없이 베이스플레이트(Base Plate)를 포함한 펌프의 치수와 흡입 및 토출구의 방향과 크기가 같아 펌프 교체 시 사양에 맞는 어느 업체의 ANSI

펌프로 교체해도 치수가 같아 현장의 배관 수정 없이 교체할 수 있다는 점이다.

3) ISO와 ISO 펌프

ISO는 국제표준화기구(International Organization for Standardization)의 약자로 80개국이 넘는 회원국이 참여해 설립한 전문국제기구로 스위스 제네바에 있다.

ISO 펌프는 독일 DIN 규격을 기초로 ISO 규정을 제정했다고 할 수 있으며, ISO 펌프는 ASME(ANSI) B73.1M 규격 ANSI 펌프와 경쟁하는 펌프로, 규격의 태동과 ISO 중앙사무국이 유럽에 있는 것과 무관하지 않게 유럽에서 강세를 띠고 있으며 점진적으로 시장을 넓혀가고 있다. 그러나 ISO 규격은 앞에서 살펴본 API610 9th Edition 때 API610과 공통 규격화되었다.

펌프의 설계와 기술 및 시험을 통합한 ASME(ANSI) B73.1M 규격 ANSI 펌프와 경쟁 관계에 있는 ISO 펌프는 펌프의 외형치수를 규정하는 ISO 2858 규격과 펌프의 설계와 기술을 규정하는 ISO 5199 규격 등으로 나누어져 있어 이 두 가지 규격을 만족해야 ISO 펌프로 볼 수 있다. 이 두 가지 ISO 규격 외에 Rolling Bearing—static Load 규격인 ISO 76, Rolling Bearing—dynamical Load 규격인 ISO 281—1, Seal Part 세부 규격인 ISO 3069, Auxiliary Part 적용 규격인 ISO 3274, Acoustic 관련 규격인 ISO 3744 & 3746 & 9614—1, 2, Flange 규격인 ISO 7005—1, 2, 3 그리

고 Test 규격인 ISO 9906 등 각각 규격이 분리돼 있다.

4) KS와 KS 펌프

KS는 한국공업표준(Korean Industrial Standards)의 약자로 대한민국 산업 전 분야의 제품 및 시험, 제작 방법 등에 관하여 규정하는 국가 표준이다. KS 기준은 일본공업기준(JIS, Japanese Industrial Standards)과 자주 비교되는 경우가 있는데, 이는 주변국인 일본에서 기계제품의 수입이 많은 영향도 있지만 유사한 규정으로 인한 면도 있는 듯하다. 그러나 KS와 JIS는 당사국 제품의 규격과 품질 그리고 소비자 보호를 위해 만들어진 독립적인 제도이나 펌프를 포함한 많은 기계류가 일본에서 수입되고 있기에 해당 규격은 한 번쯤 검토해 볼 필요성이 있을 거 같다.

KS 펌프 규정 중에 KSB7501은 원심펌프에 해당하며 앞에서 설명한 OH1 펌프로 보면 된다. KS 펌프는 아직 API, ANSI, ISO 등 규정에 밀려 관급 공사나 산업용에 많이 사용되고 있다. 그 이유는 정유 및 석유화학 공장 설계 및 경험이 기존 API, ANSI, ISO 기준으로 이뤄졌기도 하지만 KS 펌프의 기본적인 설계 기준이 '$10kg/cm^2G$'라는 한계도 크게 작용하고 있다. KS 펌프도 ISO 펌프와 유사하게 KSB7501은 펌프의 설계와 기술을 규정하고, KSB6301은 시험규정을 KSB7501 부속서(附屬書)의 외형치수를 규정해 규격별 펌프기술, 시험 등으로 분리해 관리하고 있다.

제5장

펌프의 운전

1. 펌프의 운전점

펌프의 유량이란 일반적으로 선정된 펌프가 원동기의 도움을 받아 외피 (Casing) 내 임펠러(Impeller)를 회전시켜 일정한 시간 내에 이송시키는 유체의 양을 의미하고, 펌프의 토출압력은 임펠러가 최대한 올릴 수 있는 유체의 높이를 의미한다.

펌프의 운전점을 정하는 방법에는 앞에서 설명한 펌프의 유량과 토출압력을 가지고 조정할 수 있다. 유량으로 조정할 경우는 펌프의 유량과 양정곡선을 가지고 여러 가지 유량계를 활용해 실제 펌프의 유량을 확인, 공정에서 요구되는 유량을 유지하게 된다. 압력을 활용해 운전점을 정하는 방법은 토출 쪽에 압력계를 설치해 확인하는 방법이 간단하며 경제적인 방법이나 압력계의 특성상 정확히 맞춘다는 것은 한계가 있다.

그러나 유속을 이용한 유량 계측이나 토출압력을 활용해 운전점을 맞추었다 하더라도 정확하게 정유량으로 운전되는 것은 아니다. 그래서 현장에 설치된 밸브(Valve) 종류, 배관과 유체 마찰, 배관 형태와 길이 등 시스템에서 주어지는 변수, 즉 관로저항곡선(Pipe System Curve)과 펌프의 유량(Q)–

양정(H) 곡선이 만나는 교점이 펌프의 운전점이 된다. 이 운전점은 다양한 요소와 현장 조건에 따라 실제 운전점은 변화될 수 있어 일정 기간 운전 후 다시 운전점을 조정해야 하는 경우가 많이 발생하고 있다. 펌프의 여러 가지 운전방식에 대한 운전점에 대해 세부적으로 정리해 보면 다음과 같다.

① 실양정이 일정한 경우

일반적으로 같은 위치와 같은 압력으로 사용하는 보일러, 관개수로, 소방용수 펌프의 경우가 해당한다고 할 수 있다. 시간이 흐르면서 배관에 녹이나 이물질이 발생하게 되면 그림 5.1과 같이 배관의 마찰저항이 증가하면서 관로저항곡선은 'R' 곡선에서 'R₁' 곡선처럼 좌상 측으로 기울어지면서 시간이 지나면서 조금씩 토출량은 감소한다.

초과한 유량을 조절하기 위해서는 토출 밸브를 이용해서 조절하면 된다.

실양정이 변동하게 되면 토출 측 밸브를 일정하게 유지하는 경우에도 관로

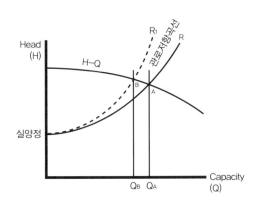

그림 5.1 배관 내 이물질에 의한 관로저항곡선의 변화

저항곡선은 상하로 평행이동하게 되는데 일반적으로 배수펌프에서 많이 발생하고 있다.

이렇게 관로저항곡선이 R에서 R_1으로 변경된 경우 고효율로 운전하기 위해서는 실양정 변화폭과 유량의 변동량을 고려하여 그림 5.2와 같이 펌프를 최고효율점 부위에서 가동될 수 있도록 운전점을 책정하는 것이 최선이다.

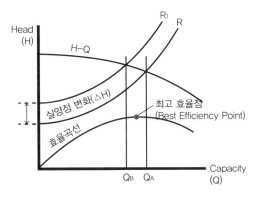

그림 5.2 **관로저항에 의한 실양정 변동**

현장에서 가장 손쉽게 유량을 조절하는 방법은 밸브 제어로 토출 배관의 직경을 인위적으로 감소시켜 관로저항곡선을 유량이 없는 체절점(Q=0) 안쪽으로 이동시켜 토출량을 조절하는 운전방식이다.

② 속도(RPM) 제어

기계식 변속기나 가변 주파수 운전(VFD) 모터를 장착, 펌프의 임펠러 속도(RPM)를 조정해서 원하는 유량을 얻는 방법이다. 보다 효율적이며 원하는 유량과 양정을 빠르게 대응할 수 있는 장점이 있어 최근 산업용 공장에서 많이 채택하고 있다.

앞장에서 펌프의 상사 법칙을 설명했듯이 속도 제어로 펌프 유량은 회전수에 비례하고, 펌프 양정은 회전수의 2승에 비례하게 되어 넓은 범위의 유량 조정이 가능하게 된다.

③ 유량(Q)-양정(H) 곡선 경사도(구배, 勾配) 영향

일반적으로 볼류트펌프가 그림 5.3과 같이 원만한 경사도(구배)를 가지고 있어 관로저항곡선(R)의 변동에 대해 양정 변화가 적어서 아래 '△Q₂' 범위처럼 유량을 조절하는 데 유리하다. 이에 비해 측류나 사류펌프는 그림 5.3과 같이 Q-H 곡선이 급경사도를 가지고 있어 양정의 변화가 있더라도 토출량의 변화는 '△Q₁'과 같이 작아 속도 제어를 통해 유량을 조절하는 시스템을 구성하는 데 유리하다.

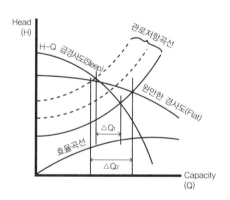

그림 5.3 유량과 양정곡선, 관로저항곡선의 관계

온도에 의한 비중과 점도, 포화증기압 등 성능 변화가 발생하는 이송액과 고점도 및 이물질 등이 포함된 특수 액체를 이송할 경우 펌프의 성능은 상온의 청수(淸水)를 이송하는 경우에 비해 성능이 현저하게 다르게 나올 수 있다. 이럴 경우 이송액의 점도가 높거나 이물질을 다수 포함하고 있으면 보정계수를 대입하여 펌프의 선정과 성능을 수정해야 한다.

1) 직렬 운전

용량이 다르거나 같은 두 대 또는 두 대 이상의 펌프를 직렬로 연결하여 그림 5.4와 같이 단일 펌프의 두 배에 가까운 양정을 얻기 위한 운전 방법이다.

직렬 운전은 일반적으로 고압이 요구되는 시스템에서 사용되며, 다단펌프 또한 기본적인 원리는 이 경우에 속한다고 봐야 한다.

펌프의 유량을 증가시키기 위한 병렬 운전 대비 직렬 운전은 그림 5.5와 같

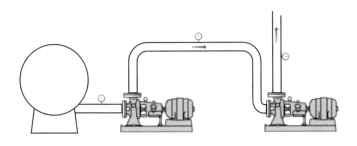

그림 5.4 **펌프의 직렬 운전 예시**

이 체절점(Q=0)에 가까울수록 총 양정은 2배 정도 높아지는 것을 알 수 있다. 양정을 높게 증가시키기 위해서는 다단펌프 또는 직렬 운전이 답이라 할 수 있다. 그러나 직렬 운전을 할 때 관로저항곡선(시스템 곡선, Pipe System Curve)에 따라 양정과 유량의 차이를 보이고 있어 합성곡선과 더불어 관로저항곡선의 특성도 검토하여야 한다.

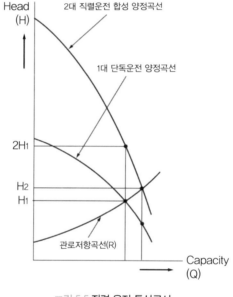

그림 5.5 **직렬 운전 특성곡선**

현장에서 직렬 운전을 채택하는 이유는 세 가지 정도로 요약할 수 있는데, 첫째로 단일 펌프로 필요한 양정을 맞출 수 없는 경우, 둘째로 현장 조건상 일부 공정에 압력을 증가시켜야 할 때, 셋째로 NPSH 값을 맞출 수 없을 경우 앞쪽에 양정이 낮은 펌프로 NPSH에 문제가 없도록 한 후에 부스팅펌프로 원하는 양정을 맞추면 된다.

직렬 운전을 할 때는 전체 공정상에서의 운전점을 잘 검토해 선정해야 하며, 첫 번째 펌프와 두 번째 펌프 중 한쪽 펌프만 제어해 펌프 성능을 조정할 수 있다.

아울러 첫 번째 펌프와 두 번째 펌프의 종류가 다를 경우에는 두 펌프 간의 유량(Q)-양정(H) 특성곡선을 보면서 운전점을 맞춰야 한다. 특히 큰 용량 펌프와 작은 용량 펌프를 직렬 운전 시 큰 용량 펌프 앞에 설치하고 작은 용량 펌프를 뒤에 설치해야 공동형상(Cavitation)을 방지할 수 있다.

2) 병렬 운전

용량이 다르거나 같은 두 대 또는 두 대 이상의 펌프를 병렬로 연결하여 그림 5.6과 같이 단일 펌프의 두 배 유량을 얻기 위한 운전 방법이다.

현장에서 병렬 운전을 채택하는 이유는 두 가지 정도로 요약할 수 있는데, 첫째로 필요 유량을 단일 펌프로 충당할 수 없는 경우, 둘째로 현장 조건상 일부 공정에 요구 유량이 커져서 추가로 펌프 한 대를 더 설치해 유량을 증가시킬 때 사용된다.

병렬 운전 시에는 배관 계통에서는 마찰저항을 받기 때문에 그림 5.7과 같이 병렬로 작동하는 두 펌프는 $Q_2 < 2Q_1$이 된다.

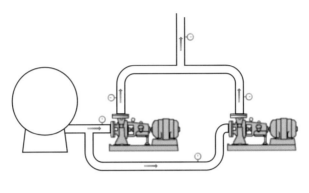

그림 5.6 **펌프의 병렬 운전**

이러한 병렬 운전에서 개별펌프의 운전점 점검 시 간혹 한 펌프의 유량이 펌프의 유량(Q)−양정(H) 성능곡선보다 부족하게 형성되는 경우가 있다는 것이다. 기본적으로 병렬 운전은 병렬 운전이 충분히 가능하도록 토출 배관을 구성하는 것이 맞지만, 현장에서는 배관의 설계에 따라 두 대의 펌프가 예상한 운전점이 아닌 다른 운전점에서 운전되는 경우를 간혹 목격하게 된다.

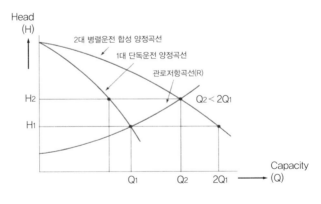

그림 5.7 **병렬 운전 특성곡선**

특히 병렬 운전에서 하나의 일체형 배관(Common Header)을 가지고 분배하는 경우에는 더 큰 문제를 일으킬 수 있어 주의가 요구된다.

　이러한 문제가 발생할 경우엔 펌프 문제를 우선 검토하게 되는데, 가장 중요한 이유는, 병렬 운전은 시스템의 관로저항곡선을 바탕으로 운전점이 결정되기 때문에 배관 등 시스템을 점검하는 것을 우선해야 한다.

1) OH6(Sundyne)원심펌프

(1) 운전

① 운전 시 주의 사항

A. 공회전은 절대로 하면 안 된다.

공회전을 할 경우 메카니컬씰(Mechanical Seal) 마찰 면이 달라붙어 Mechanical Seal 부분이 파손될 우려가 있다.

B. 토출 밸브를 잠그고 하는 운전은 절대로 하면 안 된다.

C. 공동현상(Cavitation)을 일으킨 채로 운전하면 안 된다.

D. 서징(Surging)을 일으킨 채로 운전하면 안 된다. 진동 발생으로 임펠러 (Impeller)와 디퓨저(Diffuser)가 접촉하여 임펠러와 그 주변기기의 손상이 우려된다.

E. 반드시 구동기, 즉 모터 회전 방향을 확인한다. 회전 방향은 구동기의

반부하 측(모터인 경우는 팬(Fan) 측)에서 보아 'CCW(시계 반대 방향)'
이다. 펌프를 역회전한 경우 유압유의 압력이 없어 베어링(Bearing) 등
이 파손된다.

② 운전 전 확인 사항

A. 기어박스(Gearbox)의 유압유를 확인한다. 기어박스 측면에 부착된 오
   일 수위를 볼 수 있는 사이트 글라스(Sight Glass)의 정면 원내 중간 이
   상까지 채워져 있어야 한다.

B. 메카니컬씰(Mechanical Seal) 주변 조정 시스템을 확인한다.

C. 더블 메카니컬씰(Double Mechanical Seal)의 경우 펌프의 액체 주입
   전에 버퍼(Buffer)액을 규정압력으로 조정해 준다.

D. 흡입 측 밸브를 열어 흡입 배관 계통과 펌프 내부로 유체를 충분히 채
   워준다.

E. 그림 3.9를 참조하여 씰하우징(Seal Housing)에 있는 벤트 포트(Vent
   Port) 6번에서 가스를 뽑아준다.

F. 토출 밸브를 조금 열어준다.

G. 1초 정도 조그(Jog) 운전(모터에 2~3초간 통전하고 나서 곧 정지시키
   는 조작)을 2~3회 되풀이하여 유압이 올라가는 것을 확인해 준다.

H. 수동식과 자동식 프라이밍 킷(Priming Kit)이 달린 경우는 충분한 프
   라이밍(Priming)을 해준다. 단, 3회 이상 하여도 유압이 올라가지 않을
   때는 윤활계를 점검해 본다.

I. 동시에 구동기의 회전 방향을 확인해 봐야 한다. 구동기의 반부하 측(모터의 경우는 팬 측)에서 보아 CCW(반시계방향)가 회전 방향이다.

③ 기동 요령

A. 앞에서 설명한 기동 전 사항을 확인 후 토출 밸브를 조금 연 채로 펌프를 기동한다.

B. 펌프의 진동, 소음, 배관의 진동, 모터의 경우에는 전류치 등을 확인한다. 그림 3.9를 참조하여 동시에 씰하우징(Seal Housing)에 있는 벤트포트(Vent Port) 6번에서 재차 가스를 빼고 가스가 완전히 빠진 것을 확인한다.

C. 'B'의 확인 후, 토출 측 콘트롤 밸브를 이용해 사양에서 요구하는 정유량으로 조절하면 된다.

D. 기어박스(Gearbox)에 냉각기(Cooler)가 달린 경우 유압 온도가 90℃ 이하(60~90℃ 추천)가 되도록 냉각수를 확인해 준다.

E. 현장에서 측정한 양정과 유량, 소비전력을 제작사 사양서와 대조해 맞는지 확인한다.

④ 정지

A. 펌프 정지 후 흡입 측 밸브를 닫아준다.

B. 그 후 냉각수 등의 보조배관을 닫아준다.

C. 장기정지 후 재기동할 때는 펌프 내부의 각부 점검과 모터의 결선을 점

검하고, 앞에서 설명한 운전 전 확인 사항을 반드시 하도록 한다.

D. **주의)** 아래의 경우에는 펌프 내부의 취급액, 보조배관의 액을 뽑아 준다.

  – 1주일 이상 펌프를 정지할 때

  – 예비기와의 교환 시 1개월 이상 펌프를 정지할 때

  – 동절기에 액이 차 있는 상태로 그대로 두면 내부의 액체가 동결하여 펌프를 파손하는 경우가 있다.

(2) Pump & Gearbox에 대한 고장과 대책

일반적으로 복수의 원인과 영향이 합동하여 일어나는 펌프 고장이 많으므로 단순하게 원인을 판단할 수가 없기에 다음 표를 대략적인 지표로 활용하길 바란다.

현상	원인	점검 및 대책
기동하여도 유량과 양정 형성이 안 된다. (기동 시 양수 되지 않음.)	펌프에 취급액 유입이 불충분하다.	씰하우징(Seal Housing)에 있는 벤트 포트(Vent Port) 6번에서 증발가스를 완전히 뺀다. 취급액이 저온일 경우는 장치가 저온 액으로 냉각될 때까지 기다린다. 누설 부분을 조사한다.

현상	원인	점검 및 대책
기동하여도 유량과 양정 형성이 안 된다 (기동 시 양수되지 않음).	NPSHa < NPSHr, 즉 NPSH 부족	흡입 배관이 막혀있다(스트레이너, 밸브 등). 흡입 측 관로의 압력 강하가 증대된다. 흡입 측 관로의 높은 곳에 공기가 차 배관이 막힌다. 공급 탱크의 액면 수위 저하 또는 흡입압력이 감소한다. 흡입액에 가스나 증기가 혼입된다. 휘발성 액이 혼입하여 NPSH가 저하된다.
	구동 부분의 결함(임펠러의 파손 또는 조립 시 부품 삽입의 누락 등)	분해하여 조사한다.
	역회전(Inducer 부착 기종의 경우)	회전 방향을 케이싱에 표시된 방향으로 변경한다. 펌프와 구동기는 동 방향이고 반부하 측(모터의 경우는 팬 측)에서 보아 CCW(반시계방향)가 옳은 회전 방향이다.
양정 부족	유량이 과다하다.	양정, 유량을 성능곡선과 비교 검사한다.
	역회전	회전 방향을 케이싱에 표시된 방향으로 변경한다. 펌프와 구동기는 동 방향이고 반부하 측(모터의 경우는 팬 측)에서 보아 CCW(반시계방향)가 옳은 회전 방향이다.
	NPSHa < NPSHr, 즉 NPSH 부족	앞의 '기동 시 양수되지 않음.' 참조 요망
	유량 감소, 취급액이 펌프 내에서 액온이 상승하며 기동 후 잠시는 정상적이나 차차 NPSHa 값이 작아진다.	유량을 증가시킨다. 토출 측에서 바이패스(By-pass) 관을 인출하여 공급 탱크에 연결한다.

현상	원인	점검 및 대책
양정 부족	이물질 등 고체 입자 유입에 의하여 디퓨저의 좁은 통로 부분이 일부 막히거나 혹은 임펠러가 손상되었다.	분해해 점검 및 청소하고, 마모된 부분은 다듬고 수리해 원상태로 복원해야 한다.
	임펠러 날개에 근접해 있는 디퓨저나 디퓨저 커버에 부식이 발생하였다. 이때 유량과 동력은 상승하게 된다.	분해하여 점검한다. 부식되었을 경우 샌드페이퍼나 오일스톤 등으로 제거한다.
	토출 측에서 흡입 측으로의 순환량이 증대된다.	외부배관을 통한 유량을 점검한다. 사이클론 분리기(Cyclone Separator), 오리피스(Orifice)의 마모를 확인한다. 하단 디퓨저 O-Ring(936C)을 점검한다.
	취급액의 비중이나 점도가 사양서와 차이가 있다.	운전 중의 실온도에서 비중, 점도를 확인한다(점도가 사양보다 클 경우는 유량, 양정은 저하되며 동력은 증가한다).
	회전수가 적다.	전압, 주파수 등을 확인한다.
	압력계 및 유량계의 고장	계장류를 점검 및 측정한다.
구동기(Driver)의 과부하	취급액의 비중, 점도가 사양서보다 크다.	실측한 비중, 점도를 사양서와 비교해 본다.
	구동기의 전기적 결함	브레이커 히터(Breaker Heater)의 용량과 작동장치를 점검한다. 전원과 전압을 점검한다. 각 상의 전류 차가 3% 이내에 있나 확인한다.
	메카니컬씰이나 베어링(Driver 및 Gearbox) 손상	구동기를 떼어내어 구동기 축이 가볍게 회전하는지를 점검한다. 기어박스부의 사이트 글라스를 떼어내고 유조에 이물질 및 베어링 마모 여부를 점검한다.

현상	원인	점검 및 대책
구동기(Driver)의 과부하	고형물이 디퓨저 목이나 임펠러 혹은 인듀서에 눌어붙어 있다.	분해하여 점검한다. 고형물이 붙어 있을 경우 마찰저항으로 동력상승의 원인이 되니 샌드페이퍼나 오일스톤으로 제거한다.
토출압력이 현저하게 맥동이 있다.	유량이 적다.	유량이 증가한다. 필요에 따라 과다 유량을 탱크로 바이패스시킨다.
	NPSHa < NPSHr, 즉 NPSH 부족	앞의 '기동 시 양수되지 않음.' 참조 요망
	조절 밸브(Control Valve)의 결함	조절 밸브(Control Valve)를 점검한다.
기어박스 오일이 뿌연 핑크색 또는 황색으로 변색되었다.	윤활유에 물이나 취급액이 혼입되었다.	열교환기의 누설 여부를 점검한다. 펌프씰에서의 누설량 증가를 점검한다. 샤프트 슬리브(Shaft Sleeve) 및 오링(O-Ring)을 점검한다.
샤프트 슬리브와 씰 내경 접촉	기어박스 저널베어링(Journal Bearing)이 파손되었다.	유지보수에 기어박스를 수리 또는 신품으로 교환한다.
기어박스 오일소비가 심하다.	입력축(Low Speed Shaft) 오일씰에서 누유된다.	드레인 포트(Drain Port)에서 누유량을 검사하고 필요하면 오일씰을 교환한다.
	출력축(High speed shaft) 메카니컬씰에서 누유된다.	드레인 포트(Drain Port) 1에서 누유를 검사하고 필요하면 샤프트씰을 교환한다.
	열교환기에서 누유된다.	열교환기의 누설검사를 하고 필요하면 교환한다.
과도한 오일 거품이 발생한다.	오일 수위가 높다.	기동을 중단하고 오일 수위를 점검한다.

현상	원인	점검 및 대책
과도한 오일 거품이 발생한다.	잘못된 윤활유 사용 또는 기어박스 온도가 낮다.	열교환기의 냉각수를 조정해 오일 온도를 60°C로 유지한다.
기어박스 온도가 높다.	열교환기의 불량 또는 냉각수가 단수되었다. 유압오일 수위가 너무 높다.	냉각수 유량을 확인하고 열교환기를 청소한다. 유압오일 수위를 조절한다.

(3) Pump Mechanical Seal에 대한 고장과 대책

현상	원인	점검 및 대책
누설량의 급격한 증가	격심한 공동현상이나 흡입압 부족에 의한 메카니컬씰(이하 씰)면의 진동이나 뛰어 오름이 있다.	공동현상이 발생하지 않도록 흡입 측 조건을 개선하고, 씰부에 있는 기체를 배출한 후 운전한다. 흡입 측 조건이 개선될 수 없을 경우는 더블씰(Double Seal)로 교체한다.
	저온에서 작동으로 인하여 씰부가 얼어붙던가 또는 취급액이 기화하는 경우 기화점에서 씰이 얼어붙는다.	에탄올, 메탄올, 아세톤(운전온도에서 동결하지 않는 것) 등을 드레인 포트(Drain Port) 2번 또는 7번에서 주입하고, 기동 시 대기 측에서 일어나는 빙점을 방지한다.
	씰 부분이나 씰 스프링부에 이물질 유입으로 씰면에 거친 흠집이 발생했다.	내부 원심 분리기(Separator) 오리피스(Orifice)를 점검하고 청소한다. 외부 깨끗한 씰 세정액을 주입 또는 필요하면 더블씰로 교체한다.
	씰 고정면 스프링작동이 부자연스럽고 달라붙는다.	만약 부품이 부식되었다면, 적합한 재질로 만들어진 부품으로 교환한다. 만약 끈적한 씰 세정액 특성에 의한 이물질 현상이 있다면, 외부 씰 세정액을 주입 또는 필요 시 더블씰로 교체한다.

현상	원인	점검 및 대책
누설량의 급격한 증가	씰부의 파손 또는 손상	분해하여 재조립하거나 유지보수절차에 따라 씰을 교체한다.
	씰 회전면의 마모가 일정하지 않다.	샤프트 슬리브와 임펠러 허브 표면에 거친 표면을 제거 후 가볍게 래핑(Lapping)한다. 필요하면 새로운 씰 페이스를 교체한다.
	씰 고정면 마모상태는 매끄럽지만 균일하지는 않다.	씰 표면을 래핑 또는 씰을 교체한다.
	씰 고정면의 가장자리가 깨지고 마모되었다(씰 캐비티 안에서 가스 발생으로 과도한 마모와 회전면의 파손).	흡입 탱크에 씰부의 By-pass Line을 설치한다. 펌프 흡입 손실을 방지한다. 냉각 씰 플러싱을 공급한다. 더블씰을 쓴다.
	씰 회전면이 깨지고 판손되었다(조립 시의 손상이나 공회전시의 열응력에 의함).	흡입압 부족이 없도록 하고, 외부에서 일정량의 플러싱을 한다. 더블씰을 쓴다.
	씰면이나 O-Ring이 부식되어 있다.	액체의 특성을 조사하여 재질을 변경한다.
	과도한 방사형 샤프트 운동 고속샤프트가 휘거나 심한 불균형	고속샤프트의 저널 베어링을 확인하고 필요 시 교체한다. 임펠러나 인듀서가 이물질에 의해 손상되었는지 확인한다. 임펠러와 인듀서에 불균형을 일으키는 침전물을 방지한다.
	메카니컬 2차 씰이 손상됐다.	부식 또는 침식에 의한 손상인지 확인한다. 씰 플러시를 설치하거나 더블씰을 고려한다.
	고속샤프트에 부착된 구성품들이 느슨하게 부착됐다.	정확한 임펠러 볼트와 인듀서 토르크를 확인한다. 테플론 재질 O-Ring의 냉각 흐름에 관해 확인한다.

2) 캔드모터펌프

(1) 운전

① 운전 시 주의 사항

A. 이송액이 없는 상태에서 드라이(Dry) 운전은 절대로 하면 안 된다.

B. 기본 타입에서는 1분을 초과한 체절점(Shut-off Point) 운전을 하지 말아야 한다. 체절점 운전이 길어지면 모터 혹은 베어링의 손상을 초래할 수 있으며, 이는 정상운전이 불가함을 의미한다.

C. 내부부품 마모 감지기가 있는 경우 인버터와 함께 사용할 경우 오작동 또는 영향을 받으므로 주의해야 한다.

② 운전 전 확인 사항

A. Motor의 회전 방향

캔드모터펌프의 기본적인 회전 방향은 케이싱 쪽에서 볼 경우 시계 반대 방향이다. 그러나 밀폐형 펌프 특성상 외부에서 모터 방향을 알 수 없어 역회전 감지기 등으로 확인해야 한다. 역회전 감지기가 없으면 토출 양정으로 알 수 있다. 즉, 체절 시의 양정이 시험성적의 체절 양정에 60~70% 이하가 되고, 토출 측 밸브(Valve)를 천천히 열어도 토출압력이 급격히 떨어지는 경우에는 역회전으로 보면 된다. 역회전운전이라면 U, V, W 중 한 상을 제외한 나머지 두 상의 결선을 바꿔서 결선해야 한다.

주의) 캔드모터펌프는 절대로 1분 이상 역회전을 시키지 말아야 한다. 단지 규정 양정, 유량이 감소할 뿐만 아니라 공동현상(Cavitation)이 일어나고 자동 축추력 평형(Thrust Balance) 기능이 감소하면서 비정상적인 추력이 발생하게 된다. 그로 인하여 베어링의 이상 마모, 진동에 따라 볼트류의 풀림 등이 발생하고, 펌프를 손상시키거나 사고를 일으킬 수 있으므로 주의가 요구된다.

B. 회전 방향 확인

만약에 모터가 역회전으로 가동된다면 펌프를 즉시 멈추고 옳은 회전 방향으로 수정하여 가동해야 한다.

C. 기동준비

ⓐ 토출과 흡입 배관 밸브를 완전히 닫아준다.

ⓑ 냉각수가 요구되는 형식일 경우 냉각수를 먼저 공급한다.

ⓒ 흡입 배관 밸브를 완전히 열어서 펌프 내부에 액을 충분히 채워준다. 특히 캔드모터펌프에서는 모터(Motor)와 로터(Rotor)실 내에도 액이 들어가므로 주의를 요한다.

ⓓ **주의)** 취급 액온이 0℃보다 낮은 경우는 펌프에 액을 채운 상태로 20분 이상 방치해서 충분히 예비냉장을 해야 한다.

ⓔ **주의)** 공기 빼기 밸브를 열어서 공기를 완전히 빼내야 한다. 다만 가연성, 독성 액의 경우는 벤트(Vent) 라인을 설치하여 안전한 장소로 액을 빼줘야 한다.

ⓕ **주의)** 토출 측 밸브를 완전히 닫고 약 30초 간격으로 3회 조그(Jog) 운전(모터에 2~3초간 통전하고 나서 곧 정지시키는 조작)을 반드시 해야 한다. 조그 운전을 한 후 토출 측 밸브와 공기 빼기 밸브를 열어 공기를 빼면 된다. 단, 비중이 가볍고, 증기압이 높은 액을 취급하는 경우는 펌프 내부에서 증기 폐색(Vapor Lock)을 일으킬 우려가 있으므로 토출 측 밸브를 조금 열고 기동해야 한다.

D. 기동

ⓐ 역압이 걸리지 않도록 주의하면서 토출 측 밸브를 서서히 열어준다.

ⓑ 펌프 내부의 잔존 공기를 다시 한번 빼준다. 10~20초가량 운전 후 토출 밸브를 완전히 닫고 펌프를 멈춘다. 그리고 위에서 실시한 조그 운전을 몇 차례 반복하면서 펌프 내부의 공기를 완전히 빼준다.

ⓒ 공기를 뺀 후 펌프를 재기동하고, 토출압력을 확인하고, 천천히 토출 밸브를 열면서 펌프의 사양점(압력, 유량 등)이 되도록 조절한다.

ⓓ 흡입 측 스트레이너(Strainer)의 전·후단 압력 차에 주의하여야 하며, 스트레이너의 전단 압력이 후단보다 높다면 스트레이너에 이물질이 막혀 있는 것이므로 펌프를 정지시키고 스트레이너를 청소해야 한다.

ⓔ 10kW 미만의 소형 캔드모터펌프는 정상적으로 운전되면 조용하고 진동도 적어 운전 중인지 아닌지 알 수 없을 정도이다.
캔드모터펌프의 운전 중 다음과 같은 점을 주의해야 한다.
– 토출 유량과 토출압력이 사양점에 도달하는가?

- 이상 음이 발생하는가?
- 펌프 내에 공동현상(Cavitation)이 생겼는가?

  (펌프의 토출 밸브를 열어가면서 어떤 유량에서 급격히 소음과 진동이 발생하고, 밸브를 더 열어도 유량이 증가하지 않는 경우는 공동현상으로 보면 된다.)
- 모터의 정격전류를 초과하는가?
- 과대한 유량에서 운전되는 경우에 펌프 출입구부에서 맥동음이 발생하는 경우도 있다. 펌프 본체에 이상이 없으므로 토출 측 밸브를 닫아 유량을 적게 하면 된다.
- 열매유(Hot Oil) 펌프를 상온 고점도에서 기동할 경우에는 토출 측 밸브를 닫아 정격전류 이내로 되게 조절해 줘야 한다.
- 펌프에 이상이 있는 경우에는 즉시 펌프를 정지하여야 한다.

③ 정지

A. 평상시 정지

토출 밸브를 완전히 잠그고(비중의 낮고, 증기압이 높은 액은 토출 밸브를 약간 연다), 될 수 있는 대로 빨리 펌프를 정지한다.

정지 후에는 흡입 밸브를 닫고, 냉각수가 있는 펌프는 냉각수 등 보조 배관을 닫는다.

주의) 고온이나 증기압이 높은 액을 취급하는 경우는 모터가 냉각될 때까지(약 30분) 냉각수 계통은 정지하지 않는다. 모터가 냉각되지 않은 상태로 정지하면, 재기동 시에 내부 베어링이 손상될 수 있다.

B. 장기정지

장기간 펌프를 정지한 상태로 둘 경우에는 펌프 내부의 취급액, 냉각 계통 등 보조배관의 취급액을 완전히 제거한다. 동절기에 동결의 가능성이 있는 경우에는 내부의 액체가 동결되어 펌프가 파손될 수 있다.

C. 장기정지 후의 기동

장기정지 후에 기동하는 경우에는 펌프 각 부의 점검과 모터의 절연점검을 한 후 최초의 기동과 같은 순서로 진행하면 된다.

모터의 절연저항이 낮은 경우, 2MΩ 정도의 절연저항이면 그대로 기동해도 된다. 운전을 한 후 저항이 커지게 되면 그대로 사용해도 이상이 없다.

④ 정상운전 중의 주의

운전 중 또는 정지 후에 화상 위험이 있으니 모터 외부를 절대 손으로 만지지 말아야 한다.

A. 정상운전 중의 점검 사항

펌프 크기별로 최소유량 제한이 있으므로 최소유량 이하로 운전 시 과열 또는 진동이 발생할 수 있기 때문에 펌프 크기별로 최소유량 제한에 주의해야 한다.

정상운전 중에는 정기적으로 다음 사항을 점검해야 한다.

ⓐ 토출 압력계의 지시에 이상이 없는가?

ⓑ 전류치는 과부하 되지 않은가?. 또는 정상치와 다르지 않은가?

ⓒ 이상 음 또는 진동음이 발생하지 않는가?. 이상 음, 진동이 발생하는 경우 일반적으로 공동현상 또는 내부 베어링이 한계 이상 마모될 때이다.

ⓓ 내부부품 마모감지 모니터가 부착된 펌프에서는 모니터의 지침이 점검 및 위험 위치를 지시하고 있지 않은가?

ⓔ 펌프 각 부의 온도가 평상시와 다르게 이상한 발열이 있는 부분은 없는가?

ⓕ 냉각수 계통 또는 보조배관에 이상이 없는가?

B. 비상정지

펌프의 권선 온도감지기 회로를 전자개폐기에 연결한 경우 모터의 권선이 규정 온도 이상으로 되면, 펌프는 자동으로 정지하게 된다.

권선 온도감지기가 작동하는 것은 다음의 경우이다.

ⓐ 취급 액온 또는 냉각 계통의 이상에 의한 과열

ⓑ 권선전류의 과전류 또는 모터의 과부하에 의한 과전류계전기의 작동으로 트립(Trip) 되는 경우가 있다. 그 원인을 점검하고 원인에 대한 처리 후 재가동한다.

(2) 고장과 대책

현상	주요 원인		대책
1. 내부 베어링이 빨리 마모된다(베어링의 조기 손상).	1) 취급액에 이물질 혼입(용접 찌꺼기, 배관 녹, 진흙 등)		① 펌프 흡입 배관에 스트레이너(60~80 Mesh)를 설치한다.
	2) 윤활불량	① 펌프와 모터 내부의 공기 빼기 불충분	ⓐ 펌프와 함께 받은 취급설명서에 따라 공기 빼기 작업을 완전하게 실시한다.
		② 임펠러(Impeller)의 공동현상(Cavitation)	ⓐ NPSHa 값을 재검토한다.
			ⓑ 인듀서(Inducer)를 부착한다.
			ⓒ Impeller 또는 Inducer의 마모가 있는 경우에는 신품으로 교체한다.
		③ 보조 Impeller의 Cavitation(고온형, Slurry 분리형의 경우)	ⓐ Impeller의 Cavitation을 방지한다(NPSHa 확인).
			ⓑ Back Flushing 액의 압력을 확인한다.
		④ 기체(Gas)의 혼입	ⓐ 펌프의 흡입조건(NPSHa)을 검토하고, Gas의 혼입을 방지한다.
		⑤ 순환(Circulation) 유량의 저하	ⓐ 순환 배관의 내부를 세척한다.
			ⓑ 내부 필터(Filter)를 청소한다.
			ⓒ 보조 Impeller의 성능 저하가 있는 경우에는 신품으로 교체한다.
		⑥ 액 물성치의 부적합(저 점도, 저 비열 등)	ⓐ Bearing 또는 Shaft Sleeve의 재질을 변경한다.
			ⓑ Pump 구조를 변경한다 (Reverse Circulating형, Slurry 분리형 등으로 변경을 고려하여 제작사로 문의하면 된다).

현상	주요 원인		대책
1. 내부 베어링이 빨리 마모된다(베어링의 조기 손상).	3) 과도한 압력의 전달	① Radial 하중의 과대	ⓐ 운전 유량이 정격범위 내에 있는지 확인한다(최소유량 이하 또는 과대 유량에서 운전되고 있지 않은지 확인).
			ⓑ 회전부품(Impeller, Inducer, Rotor 등)의 역학 전 밸런스(Balance)를 확인하고 수정한다.
		② Thrust 하중의 과대	ⓐ Back Flushing 압력을 사양치로 조절한다(Slurry 분리형의 경우).
			ⓑ Reverse 유량, 압력을 사양치로 조절한다(Reverse Circulation형의 경우).
			ⓒ Impeller 또는 Casing 등에 마모가 있는 경우는 신품으로 교체한다.
	4) 액의 성상	① Bearing 또는 Shaft Sleeve에 이물질이 고착된다(폴리머, 침전물 등).	ⓐ 액성상(온도 조건 등)을 개선한다.
			ⓑ Pump 구조를 변경한다(이 경우에는 제작사에게 문의한다).
		② Bearing, Shaft Sleeve, Thrust Washer 등에 부식 발생	ⓐ 사용 재질을 변경한다.
2. Motor의 전류치가 증가한다.	1) 액체 부하의 증가	① 액 물성치의 변화(비중이 크고 점도가 높다)	ⓐ 액 물성치를 확인한다.
			ⓑ Motor 출력을 크게 한다.
		② Pump 유량의 증가 (공정 유량, Pump 내부 순환량)	ⓐ 공정 운전상태를 확인한다.

현상	주요 원인			대책
2. Motor의 전류치가 증가한다.	1) 액체 부하의 증가		② Pump 유량의 증가 (공정 유량, Pump 내부 순환량)	ⓑ Pump를 분해하여 내부부품을 점검한다.
			③ Pump 내부의 유체 저항 증가(부식, 이물질 부착에 의한 내표면의 손상)	ⓐ Pump를 분해하여 Casing 또는 Impeller를 점검한다(표면이 손상된 경우는 기계 가공이나 Sand Paper로 마감 처리하고, 손상이 심한 경우는 신품으로 교환한다).
	2) 기계 손실의 증가	(1) 모터(Motor)	① Bearing 접동부의 이상(마모, 이물질 부착, 부식)	ⓐ Bearing, Shaft Sleeve, Thrust Washer 등을 교환한다.
				ⓑ Bearing 마모 원인을 제거한다.
			② Bearing 고정부의 유동	ⓐ Bolt를 다시 조여준다.
			③ 회전자(Rotor)와 고정자(Stator)의 접촉	ⓐ Rotor와 Stator 표면을 점검한다.
				ⓑ Bearing 점검 후 마모 원인을 제거한다.
		(2) 펌프측	① Impeller와 Casing의 접촉	ⓐ Shaft의 휨 검사(휨이 있는 경우에는 수정 또는 신품으로 교체)
			② 이물질의 혼입	ⓐ Pump Casing을 분해하여 Pump 내의 이물질 유무를 점검
	3) 모터부의 이상	(1) 스테터(Stator)	① 절연저항의 증가 ② 권선저항의 Unbalance ③ 단락	ⓐ 절연저항, 권선저항을 측정한다.
				ⓑ Stator 내에 N2 Gas를 투입하는 등의 방법으로 건조한다.
				ⓒ 절연저항, 권선저항이 복귀하지 않는 경우는 Stator를 교체한다.
			④ Stator Can 표면에 금속 이물질 부착	ⓐ Motor 부를 분해 점검하고 부착물이 있는 경우는 깨끗하게 제거한다.

현상	주요 원인			대책
2. Motor의 전류치가 증가한다.	3) 모터부의 이상	(2) 로터	① Rotor Can 표면에 금속 이물질 부착	ⓐ Rotor를 신품으로 교환한다.
			② Rotor의 단락	
			① 단자 Bolt 조립부의 유동	ⓐ 단자대 내 조립부의 조인상태를 확인하고 조여 준다.
	4) 전선		① 전압의 변동 ② 주파수의 변동 ③ 상간 전압의 차이	ⓐ 전선을 확인한다.
	5) 계기		① 전류계의 불량	ⓐ 전류계를 점검한다.
3. Rotor가 고정(Lock)됐다(Rotor가 회전하지 않음).	1) Casing과 Impeller(Inducer)의 정지		① 이물질 (비교적 큰 것)의 침입 (혼입)	ⓐ Pump를 분해하여 이물질을 제거한다.
				ⓑ 흡입 쪽에 Strainer 설치한다.
			② Bearing의 마모	ⓐ Bearing(Shaft Sleeve)를 교환한다.
				ⓑ Bearing의 마모상태를 확인 후 Bearing의 마모 원인을 제거한다.
				ⓒ 베어링 마모 모니터를 정기적으로 점검한다.
			③ Shaft의 휨 (10/100mm 이상)	ⓐ 휨을 교정한다(또는 신품으로 교환).

현상	주요 원인		대책
3. Rotor가 고정(Lock)됐다 (Rotor가 회전하지 않음).	1) Casing과 Impe-ller(Inducer)의 정지	④ 회전부품 (Impeller, Inducer)과 고정부품 (Casing)의 동축도 불량	ⓐ 동축도를 측정하고 이상이 있는 부품은 교환한다.
	2) Stator Liner와 Rotor Sleeve의 정지	① 이물질의 침입(혼입, Can에 이물질 고착)	ⓐ 흡입 Strainer를 설치한다.
			ⓑ 액 특성을 확인한다.
		② Stator Can의 팽창, 변형(고온에 따른)	ⓐ 취급 액온을 확인한다.
			ⓑ Jacket의 냉각수량을 확인한다.
		③ Rotor Can의 팽창 (부식, 용접부의 Pin-Hole)	ⓐ 용접부의 액체 침투 여부를 확인한다.
			ⓑ 부식의 경우는 Can 재질을 변경한다.
	3) Bearing과 Shaft Sleeve의 정지(회전하지 않음)	① Bearing의 이상 마모(붙음)	ⓐ Bearing 점검 후 마모 원인을 제거한다.
		② 이물질의 혼입	ⓑ Bearing(Shaft Sleeve)의 재질, 치수를 변경한다.
		③ 이물질의 검출, 고착	
		④ Bearing 공차 불량(열 팽창에 의한 길이 차이로 인해서)	ⓐ Bearing(Shaft Sleeve)의 재질, 치수를 변경한다.

현상	주요 원인		대책
3. Rotor가 고정(Lock)됐다 (Rotor가 회전하지 않음).	4) 기타	① Motor의 소손	ⓐ Stator를 교환한다.
		② Rotor의 단락	ⓑ Rotor를 교환한다.
		③ Motor의 기동 Torque 부족	ⓒ 기동특성과 부하특성을 점검한다.
		④ 전원 전압의 저하	ⓓ 전원을 점검한다.
4. 서모스탯(Thermostat)이 작동한다.	① Motor의 과부하		ⓐ 운전 유량을 점검한다.
			ⓑ 액 비중, 점도를 점검한다.
	② Motor의 냉각 부족(Motor부의 과열)		ⓐ Jacket 냉각수량을 점검한다.
			ⓑ 취급 액온을 점검한다.
			ⓒ 순환 배관부를 세척한다.
			ⓓ Jacket 내부를 세척한다.
	③ Thermostat 설정치의 차이(고온 조건에서) ④ Thermostat 자체 불량		ⓐ Thermostat을 절단한다(2개의 경우).
			ⓑ Stator를 교환한다.
5. 진동이 크다(증가하고 있다).	① Bearing의 마모		ⓐ Bearing 점검 후 마모 원인을 제거한다.
	② Casing과 Impeller(Inducer)의 접촉		ⓐ 부품 치수를 검사한다.
			ⓑ Shaft의 휨을 수정한다.
	③ Base 고정볼트의 풀림		ⓐ Bolt를 좀 더 조인다.
	④ Cavitation의 발생		ⓐ NPSHa를 확인한다.
	⑤ 운전 유량의 부족(과대, 과소)		ⓐ 운전조건을 확인한다.

현상	주요 원인	대책
5. 진동이 크다(증가하고 있다).	⑥ 회전 방향의 불량(역회전)	ⓐ 정회전으로 결선을 변경한다.
	⑦ 배관계의 공진	ⓐ 배관의 Support를 강화한다.
	⑧ 회전계(Rotor, Impeller)의 동 Balance 불량	ⓐ 동 Balance를 검사하고 수정한다.
6. 소음이 크다(이음이 크다).	① 공기 빼기의 불충분	ⓐ 공기 빼기 작업을 완전하게 실시한다.
	② 회전 방향의 불량(역회전)	ⓐ 정회전으로 결선을 변경한다.
	③ 운전 유량의 부족(과대, 과소)	ⓐ 운전조건을 확인한다.
	④ Cavitation 소리	ⓐ NPSHa를 점검한다.
	⑤ 이물질 혼입	ⓐ 흡입 Strainer를 설치한다.
	⑥ Casing 내의 유체음(특히 Open Impeller의 경우)	ⓐ 유체음이기 때문에 대책은 불필요하다.
		ⓑ 운전 유량을 확인한다(과대 유량).
	⑦ Circulation Tube 내에서 유체음	ⓐ 유체음이기 때문에 대책은 불필요하다.
	⑧ Casing과 Impeller(Inducer)의 접촉	ⓐ Bearing이 마모된 경우는 Bearing(Shaft Sleeve)을 교환한다.
		ⓑ Shaft가 굽어 있는 경우는 굽힘을 수정한다.
		ⓒ Casing과 Impeller 접촉부는 가공한다(접촉부의 흠집이 깊은 경우에는 신품으로 교환한다).
	⑨ 내부 Bolt류의 풀림	ⓐ Pump를 분해하여 Bolt류의 풀림을 검사한다.

현상	주요 원인	대책
7. 정격유량(토출압력)이 되지 않는다.	① Motor의 역회전	ⓐ 회전 방향을 확인하고, 결선을 변경한다.
	② Cavitation의 발생(NPSHa 부족, 공기의 혼입)	ⓐ NPSHa를 검토한다(흡입압력 측정, Strainer의 세척, 배관 손실의 검토 등).
		ⓑ 흡입 배관 접합부(플랜지, 배관 부품)를 좀 더 조인다.
	③ 취급액 특성의 차이	ⓐ 액 비중, 점도 등의 수치를 사양치로 맞춘다.
	④ 측정상의 불량	ⓐ 측정계기(유량계, 압력계)를 검사한다.
		ⓑ By-pass Line의 유량을 확인한다.

3) 다이어프램펌프

(1) 운전

① 운전 전 확인 사항

A. 납품된 펌프의 크로스헤드(Cross Head)와 플런저(Plunger) 등이 녹슬었는지를 점검하라.

B. 구동부(Gearbox) 옆에 붙어있는 오일 레벨 게이지(Oil Level Gauge)의 중간까지 규정된 윤활유가 주유되어 있는지 확인한다.

C. 윤활유 확인 후 유압 쪽의 흡입기인 에어 브리더(Air Breather)가 설치 돼 있는지 확인다.

D. 흡입조건인 NPSHa가 펌프의 NPSHr 값을 만족하는지 확인한다. 기본 적으로 흡입 액체가 펌프의 흡입 밸브까지 찬 조건을 권장하고 있다.

E. 토출 배관에 압력계와 안전밸브가 설치되었는지를 확인한다.

F. 배관에 공기가 남아 있는 경우 펌프가 유량 및 압력을 정상적으로 내보 낼 수 없으므로 배관 내 잔존 공기를 배관의 최상단 수직 부분으로 제거 해야 한다.

② 운전 시 주의 사항

A. 스트로크(Stroke) 조절

펌프의 스트로크 길이 조절은 운전 시와 정지 시 모두 가능하다. 스트 로크 조절 시 고정 나사를 풀고 시계방향으로 돌리면 길이가 증가하고, 반시계방향으로 돌리면 감소한다. 즉, 시계방향으로 돌리면 유량이 증 가하고, 반시계방향으로 돌리면 유량이 감소하는 구조이다.

B. 무부하 운전

ⓐ 무부하 운전은 토출 후단부에 압력이 걸리지 않는 조건으로 운전하 는 것으로 기동 전 흡입과 토출 밸브를 모두 개방한다. 고온 및 저 온 Jacket이 설치된 경우에는 요구되는 온도에 도달할 때까지 기다 린다.

ⓑ 모든 펌프는 기동 시(정시에도 스트로크 길이는 0%에 맞춘다) 스트

로크 길이를 0%에 맞춰 놓고 펌프를 기동한다. 10분간 가동하여 흡입압력이 음압으로 떨어지지 않는지 환인한다. 만약 음압으로 떨어질 경우 흡입조건을 재검토할 필요가 있다.

ⓒ 스트로크 길이 10%에서 오일 보급과 윤활이 잘 되는지를 플런저가 있는 유압실 안을 확인해 플런저의 토출 행정 시 소량의 유압 오일이 나오는지 확인한다. 유압 오일이 나오지 않는 경우 아래와 같이 공기 빼기를 해야 한다.

 – 펌프의 스트로크를 0%에 맞춘 후 펌프를 정지한다.

 – Displacement Chamber에서 Air Vent Valve / Relief Valve를 분리한다.

 – 펌프를 가동하여 스트로크를 5%에 맞춘다.

 – Air Vent Valve / Relief Valve를 분리한 홀에 유압유를 조금씩 보충하여 공기 방울이 올라오는 것을 확인한다.

 – 알맞은 레벨까지 유압 오일을 보충한 후에 공기 방울이 올라오지 않을 때까지 펌프를 가동한다.

 – 스트로크를 0%에 맞추고 펌프를 정지한 후 Air Vent Valve / Relief Valve를 재조립한다.

 – 앞의 ⓐ~ⓒ 순서를 다시 실시한다.

ⓓ 스트로크(Stroke) 20%, 40%, 60%, 80%에서 각 5분씩 펌프를 가동한다.

ⓔ 스트로크 100%에서 펌프를 15분간 가동한다.

무부하 운전 중 소음 및 진동이 비정상적으로 발생하는지, 스트로크 조절이 부드럽게 잘 되는지도 확인한다.

C. 부하 운전

ⓐ 흡입과 토출 밸브를 모두 개방한다.

ⓑ 토출압력이 2MPa 이하인 경우, 압력이 후단에 걸린 상태에서 스트로크 0%에서 펌프를 가동하여 15분 간격으로 스트로크를 증가시켜준다.

ⓒ 토출압력이 2MPa 이상인 경우, 압력이 후단에 걸리지 않은 상태에서 스트로크 100%에서 펌프를 가동하여 15분 간격으로 압력을 증가시켜준다.

D. 유량 확인

기본적으로 유량은 스트로크(Stroke) 25%, 50%, 75%, 100%에서 확인한다.

인버터 모터를 사용해 모터 스피드 조절이 가능한 경우, 각 스피드에서 유량을 확인한다.

시험기록치(Test Report)와 비교해 차이가 없는 경우 펌프의 운전은 정상이다.

만약 실측정 값이 시험기록치와 차이가 있으나 유량 곡선이 일직선인 경우, 측정방식 또는 측정조건이 상이하여 발생하는 차이일 수 있다.

(2) 구동부(Power End)에 대한 고장과 대책

현상	점검	원인	대책
모터 작동 불가 또는 과부하 발생	압력이 걸리지 않은 상태에서 모터 팬을 가볍게 돌려봤을 때, 부드럽게 돌아간다.	전원 연결의 불량	전원공급배선을 교정한다.
	압력이 걸리지 않은 상태에서 모터 팬을 가볍게 돌려봤을 때, 뻑뻑하게 돌아간다.	Shim의 과도한 조임	Shim을 조절한다.
		커플링 조립 불량	커플링을 재조립한다.
		커플링 Centering 불량	중심조정을 다시 한다.
	압력이 걸리지 않은 상태에서 모터 팬을 가볍게 돌려봤을 때, 돌아가지 않는다.	취급액체의 동결 또는 굳어짐.	취급액이 굳거나 동결을 방지한다.
		토출 배관이 잠기거나 막혔다.	토출 배관을 점검한다.
		Gearbox 등 구동부의 파손	점검 후 필요 부품을 교체한다.
스트로크(Stroke) 조절핸들의 회전이 안 되며, 무엇인가에 걸리는 느낌이 난다.	스트로크(Stroke) 길이 조정 노브(Knob)가 잠겨있다.	Lead Screw가 잠겨있다.	조정 노브를 풀어준다.
	스트로크(Stroke) 길이 조정 노브가 풀려있다.	Thrust Bearing의 과도한 조임	재조임한다.
큰 진동과 소음 발생	소음의 원인이 리드 스크루가 돌출하여 발생해 진동에 의한 것	커플링 조립 불량	커플링을 재조립한다.

현상	점검	원인	대책
큰 진동과 소음 발생	소음의 원인이 리드 스크루가 돌출하여 발생해 진동에 의한 것	커플링 Centering 불량	Centering을 조정한다.
		Crank, Cam, Cam Ring, Hollow Shaft 마모	마모 부품을 교체한다.
	회전음향이 시끄럽다.	Bearing의 조임이 풀림	Shim 개수를 조절한다.
		Bearing의 마모	Bearing을 교체한다.
Crank Case 내의 윤활유의 비정상적인 온도상승	토출압력을 확인한다.	토출압력이 정격보다 크다.	토출압력을 낮게 하거나 스트로크 길이를 줄인다.
	Crank Case의 윤활유를 점검한다.	윤활유의 규정 점도보다 높다.	규정된 윤활유로 교환한다.
		윤활유의 양이 너무 많다.	윤활유의 양을 규정량으로 줄인다.
		Bearing이 과도하게 조여있다.	Bearing을 재조임한다.
		Gland Packing과 Shim이 과도하게 조여있다.	Gland Packing의 조임을 약간 풀고, Shim 개수를 조절한다.

(3) 접액부(Liquid End)에 대한 고장과 대책

현상	점검	원인	대책
토출이 되지 않는다.	Plunger가 움직이는가를 점검하라. Plunger가 움직이지 않는다.	전원이 들어와 있지 않다.	전원을 공급한다.
		플런저 어댑터가 빠져 있다.	어댑터를 연결한다.
	Plunger가 움직인다.	흡입 액체가 공급되지 않는다.	흡입 액체를 공급한다.
		흡입 배관 및 접액부에 가스가 혼입되었다.	펌프 중단부 이상까지 흡입액을 공급한다. 가스가 지속적으로 혼입되면 Gas Vent 배관을 설치한다.
		배관 흡입 밸브가 막혔다.	밸브를 점검한다.
		펌프 흡입 밸브가 반대로 조립되었다.	방향을 맞추어 재조립한다.
		이물질로 인하여 펌프 흡입 밸브가 막혔다.	펌프 밸브 점검 및 세척을 한다.
			Strainer를 설치한다.
		펌프 Displacement Chamber에 공기가 혼입되어 있다.	Air / Gas 빼기 작업을 시행한다.
		펌프 Relief Valve의 Setting 값이 낮거나 손상되었다.	Relief Valve를 재세팅 또는 교체한다.

현상	점검	원인	대책
토출이 되지 않는다.	Plunger가 움직인다.	오일보급 밸브 튜브가 오일 레벨 위에 위치하여 있다.	오일 레벨 확인 / 오일보급 밸브 튜브 위치를 조절한다.
압력이 형성되지 않으며, 압력증가 시 유량이 감소한다.	취급액의 압축성이 높고, 액체에 가스가 많이 포함되어 있다.	액체 압축성 / 가스 때문에 압력 형성이 실패한다.	펌프 사양을 검토하여 알맞은 펌프로 교체한다.
	Air Vent Valve / Relief Valve에서 유압유가 나온다.	흡입 배관에 가스가 발생한다.	펌프 중단부 이상까지 흡입액을 공급한다.
			가스가 지속적으로 발생하여 Gas Vent 배관을 설치한다.
		Packing 마모로 유압유가 누설된다.	Packing을 점검 및 교체한다.
		펌프 밸브 손상으로 취급액체가 누설된다.	펌프 밸브를 점검 및 교체한다.
		펌프 Displacement Chamber 내 Air / Gas가 발생된다.	Air / Gas 빼기 작업을 실시한다.
		펌프 Relief Valve의 Setting 값이 낮거나 손상되었다.	Relief Valve를 재세팅 또는 교체한다.
		Air Vent Valve / 오일보급 밸브 Seat 손상으로 유압유가 누설된다.	부품 점검 및 교체를 한다.

현상	점검	원인	대책
압력이 형성되지 않으며, 압력증가 시 유량이 감소한다.	Air Vent Valve / Relief Valve에서 유압유가 나오지 않는다.	Displacement Chamber의 Air가 다 빠지지 않았거나 Air Vent Valve 작동이 불량하다.	Air Vent Valve를 점검 및 교체한다.
아래 커브와 같이 토출량이 감소한다(점선은 제작사 시험기록치 / 실선은 현장 실측치). 유량 ↑ 회전수(스트로크 길이) →	취급액체의 특성을 확인한다(고점도 등).	취급액이 고점도면 NPSH가 부족하다.	펌프 사양을 재검토하고 필요 시 교체한다.
		흡입 배관 내 마찰손실로 NPSH가 부족하다.	배관 사양을 점검 / 조치한다.
	흡입 배관이 너무 길거나 너무 얇은 배관 사용	흡입 배관 내 마찰손실로 NPSH가 부족하다.	흡입 Dampener를 설치하거나, 흡입 탱크 수위를 높이거나, 배관 크기를 키운다.
	Strainer가 막혀있다.	흡입 배관 내 마찰손실로 NPSH가 부족하다.	Strainer를 청소한다.
	배관 흡입 밸브가 막혀있다.	흡입 배관 내 마찰손실로 NPSH가 부족하다.	배관을 청소한다.
	펌프 내부를 확인한다.	다이어프램이 변형되었다.	다이어프램을 교체한다.
	유량 범위가 불만족일 때 유량계를 확인한다.	유량 표시가 불량하다.	재조정한다.

현상	점검	원인	대책
아래 커브와 같이 토출량이 매우 적다(점선은 제작사 시험기록치 / 실선은 현장 실측치). 유량 ↑ 회전수(스트로크 길이)	취급액체 특성을 확인한다(압축성이 높다 / 액체에 가스가 많이 포함되어 있다).	액체 압축성이 높고, 가스 때문에 압력 형성이 안 된다.	펌프 사양을 검토하여 알맞은 사양의 펌프로 교체한다.
	Air Vent Valve / Relief Valve에서 유압유가 나온다.	흡입 배관에 가스가 발생해 찬다.	펌프 중단부 이상까지 흡입액을 공급한다.
			가스가 지속적으로 발생하면 Gas Vent 배관을 설치한다.
		펌프 Displacement Chamber에 Air / Gas가 발생 및 혼입된다.	Air / Gas 빼기 작업을 실시한다.
		다이어프램 쪽에 있는 O-Ring 파손으로 Air / Gas가 혼입된다.	유압유를 다이어프램 파손 감지기를 통해 보충한다.
		Packing 마모로 유압유가 누설된다.	Packing을 점검 및 교체한다.
		펌프 밸브 손상으로 취급액체가 누설된다.	펌프 밸브를 점검 및 교체한다.
		Air Vent Valve와 오일보급 밸브 Seat 손상으로 유압유가 누설된다.	부품을 점검 및 교체한다.

현상	점검	원인	대책
	Air Vent Valve / Relief Valve에서 유압유가 나오지 않는다.	Displacement Chamber의 Air가 다 빠지지 않았거나 Air Vent Valve 작동이 불량하다.	Air Vent Valve를 점검 및 교체한다.
아래 커브와 같이 토출량이 많다(점선은 제작사 시험기록치 / 실선은 현장 실측치). 유량 회전수(스트로크 길이)	토출 라인이 흡입라인보다 낮다. 토출압력이 흡입압력보다 낮다.	펌프의 작동과 상관 없이 액체가 흐른다.	Back Pressure Valve를 설치한다.
아래 커브와 같이 토출량이 불안정하다 (점선은 제작사 시험기록치 / 실선은 현장 실측치). 유량 회전수(스트로크 길이)	공정을 점검했을 때 차압이 부족하다.	펌프의 작동과 상관 없이 액체가 흐른다.	Back Pressure Valve를 설치한다.
			Dampener를 설치한다.
			배관 크기를 키운다.
	유량계를 확인했을 때 범위가 불만족하다.	유량 표시가 불량하다.	재조정한다.
	펌프의 맥동이 발생하는지 확인한다.	펌프 맥동에 의한 유량 지시가 부정확하다.	유량계 교체 또는 맥동 저하를 위한 Dampener를 설치한다.
	흡입 배관이 너무 길거나 너무 얇다.	흡입 배관 내 마찰손실로 NPSH가 불만족하다.	흡입 Dampener 설치 또는 흡입 탱크 수위를 높이거나 배관 크기를 키운다.

현상	점검	원인	대책
	Strainer가 막혀있다.	흡입 배관 내 마찰손실로 NPSH가 불만족하다.	Strainer를 청소한다.
	배관 흡입 밸브가 막혀있다.	흡입 배관 내 마찰손실로 NPSH가 불만족하다.	배관을 청소한다.
	오일보급 밸브 작동이 불량하다.	유압유 순환이 불량하다.	오일보급 밸브를 교체한다.
유량이 서서히 감소한다.	Air Vent Valve / Relief Valve에서 유압유가 나온다.	흡입 배관에 가스가 혼입된다.	펌프 중단부 이상까지 흡입액을 공급한다.
			가스가 지속적으로 발생하면 Gas Vent 배관을 설치한다.
		Packing 마모로 유압유가 누설된다.	Packing을 점검 및 교체한다.
		펌프 밸브 손상으로 취급액체가 누설된다.	펌프 밸브를 점검 및 교체한다.
		Air Vent Valve / 오일보급 밸브 Seat 손상으로 유압유가 누설된다.	부품을 점검 및 교체한다.
	Air Vent Valve / Relief Valve에서 유압유가 나오지 않는다.	Displacement Chamber의 Air가 다 빠지지 않았거나 Air Vent Valve 작동이 불량하다.	Air Vent Valve를 점검 및 교체한다.

현상	점검	원인	대책
과다한 소음이 발생한다.	펌프 밸브 쪽에서 소음이 난다.	펌프 밸브 마모 또는 크기에 따라 소음이 발생한다.	마모가 없을 시 문제 없다.
		NPSH 불만족으로 인한 Cavitation이 발생한다.	흡입 탱크를 가압해 NPSH를 높인다.
			흡입 탱크 수위를 올린다.
			흡입 배관 크기를 키운다.
			흡입 배관 길이를 줄인다.
			흡입 Dampener를 설치한다.
	Oil Relief Valve 점검 시 소음이 난다.	Setting 값이 토출압력보다 낮게 설정돼 있다.	재세팅한다.
		NPSH 불만족으로 인한 Cavitation이 발생한다.	흡입 탱크를 가압해 NPSH를 높인다.
			흡입 탱크 수위를 올린다.
			흡입 배관 크기를 키운다.
			흡입 배관 길이를 줄인다.
	펌프 헤드 또는 배관에서 소음이 난다.	NPSH 불만족으로 인한 Cavitation이 발생한다.	흡입 탱크를 가압해 NPSH를 높인다.
			흡입 탱크 수위를 올린다.

현상	점검	원인	대책
과다한 소음이 발생한다.	펌프 헤드 또는 배관에서 소음이 난다.	NPSH 불만족으로 인한 Cavitation이 발생한다.	흡입 배관 크기를 키운다.
			흡입 배관 길이를 줄인다.
			흡입 Dampener를 설치한다.
		토출 배관에서 수격 소음이 발생한다.	펌프 가동 / 중지 방법을 변경한다(적은 유량에서 가동하고 유량을 줄이면서 중지한다).
			토출 배관 Check Valve를 설치한다.
Oil Relief Valve가 작동된다.	펌프 운전 중 작동 시간을 확인한다.	Setting 값이 토출압력보다 낮게 설정돼 있다.	재세팅한다.
		흡입압력이 너무 낮게 형성돼 있다.	흡입 탱크를 가압해 NPSH를 높인다.
			흡입 탱크 레벨을 올린다.
			흡입 배관 크기를 키운다.
			흡입 배관 길이를 줄인다.
			흡입 Dampener를 설치한다.
		토출 배관 Acceleration Head Loss로 인해 작동된다.	흡입 배관 크기를 키운다.

현상	점검	원인	대책
Oil Relief Valve가 작동된다.	펌프 운전 중 작동 시간을 확인한다.	토출 배관 Acceleration Head Loss 로 인해 작동된다.	흡입 배관 길이를 줄인다.
			흡입 Dampener를 설치한다.
	펌프 가동 시 또는 취급 유체 변경 시 작동된다.	토출 배관에서 수격 소음이 발생한다.	펌프 가동 / 중지 방법을 변경한다(적은 유량에서 가동하고 유량을 줄이면서 중지한다).
			토출 배관 Check Valve를 설치한다.

재질선정표

펌프의 재질 선정에 필요한 내약품성표 및 가이드

펌프와 배관의 부식은 전기화학적 부식과 화학물질에 의한 부식으로 나뉠 수 있으나, 화학물질에 의한 부식은 화학약품의 농도, 온도, 시간 그리고 재질의 순도 등에 의해 달라질 수 있어 주의가 필요하다.

첨부한 내약품성표 및 가이드는 참조용으로 필자의 경험상 실제로 적용 시에는 펌프업체에 문의하거나 자체 공정팀에 문의 후 사용하기 전에 테스트해보기를 권장한다.

RATING KEY

(A)	Substantial Resistance–Excellent
(B)	Moderate Resistance – Good
(C)	Severe Effect – Should not be used
(V)	Varies by temperature/concentration
( )	No data available

CHEMICAL	FORMULA	STEEL	304 STAINLESS	316 STAINLESS	ALLOY 20	HASTELLOY C	440 FM	PVC	KYNAR	CERAMIC (ALUMINA)	68 °F LINEAR POLYETHYLENE	68 °F POLYPROPYLENE	HYPALON	VITON	EPDM
Acetaldehyde (Ethanal)	CH_3CHO	B	A	A	A	A		C		A	B	B	C	B	C
Acetate Solvents	CH_3COOR	A	A	A	A	A	B	C		A		A	C	C	B
Acetic Acid, Crude	CH_3COOH	C	A	A	A	A	C			B			C	C	A
Acetic Acid 10%	CH_3COOH	C	B	A	A	A	C	A		A	A	A	B	C	A
Acetic Acid 80%	CH_3COOH	C	B	A	A	A	C	A		B	A	A	C	C	A
Acetic Anhydride (Acetic Oxide)	$(CH_3CO)_2O$	C	B	A	A	A	C	C	C	A			A	C	C
Acetone (Dimethylketone)	CH_3COCH_3	B	A	A	A	A	B	C	C	A	B	A	C	C	A
Acetylene	C_2H_2	A	A	A	A	A	A				B	A	B	A	A
Aluminum Chloride	$AlCl_3$	C	C	B	A	B	C	A	A	A	A	A	A	A	A
Aluminum Hydroxide	$Al(OH)_3$	C	B	A			A	A	A		A	A	A	A	A
Aluminum Nitrate			B	A	A				A	A	A	A	B	C	A
Aluminum Sulfate	$Al_2(SO_4)_3$	C	B	A	A	A	C	A	A	A	A	A	A	A	A

출처 : PENN Process Technologies, INC.

CHEMICAL	FORMULA	STEEL	304 STAINLESS	316 STAINLESS	ALLOY 20	HASTELLOY C	440 FM	PVC	KYNAR	CERAMIC (ALUMINA)	68 °F LINEAR POLYETHYLENE	68 °F POLYPROPYLENE	HYPALON	VITON	EPDM
Alums		C	C	B	A	A	B	A	A	A	A	A	A	C	A
Amines	R-NH$_2$	B	B	A	A	A		A						C	C	A
Ammonia, Anhydrous (Liq.)	NH$_3$	A	A	A	A	A	A	A	A	A	B	A	A	C	A
Ammonia Solutions		A	A	A	A	A		A			B	A	C	C	A
Ammonium Carbonate	(NH$_4$)$_2$CO$_3$	A	A	A	A	A	A	A			A	A	A	A	A
Ammonium Hydroxide (Aqua Ammonia)	NH$_4$OH	A	A	A	A	A	A	A	A	A	A	A	A	A	A
Ammonium Mono Phosphate		C	A	A	A	A	A	A	A		A	A	A		2
Ammonium Di-Phosphate		B	A	A	A	A	A	A	A		A	A	A		A
Ammonium Tri-Phosphate		A	A	A	A	A	A	A	A		A	A	A		A
Ammonium Nitrate	NH$_4$NO$_3$	C	A	A	A	A	A	A	A	A	A	A	A	A	A
Ammonium Sulfate	(NH$_4$)$_2$SO$_4$	C	B	A	A	A	A	A	A	A	A	A	A	A	A
Ammonium Sulfide	(NH$_4$)$_2$S		B	B	A			A			A	A	A	C	A
Ammonium Thiocyanate	NH$_4$SCN	C	A	A	B	A		A			A	A			
Amyl Acetate	CH$_3$COOC$_5$H$_{11}$	A	A	A	A	A		C	B	A	C	B	C	C	C
Amyl Alcohol (Pentyl Alcohol)	CH$_3$(CH$_2$)$_4$OH	B	A	A	A	A	A	B	A	A	C	A	A	A	A
Amyl Chloride (Chloropentane)	CH$_3$(CH$_2$)$_4$Cl	A	A	A	A	A		C	B	A	C	B	C	C	C
Aniline		A	A	A	A	A	A	C		A	A	A	C	A	A
Anline Dyes		C	A	A	A	A	A	C			A	A	B	B	A
Arsenic Acid		C	B	B	A	B		A			A	A	C	A	A
Barium Carbonate	BaCO$_3$	B	B	B	B	A	A	A			A	A	A	A	
Barium Chloride			A	A	A		A	A	A	A	A	A	B	A	A
Barium Cyanide	Ba(CN)$_2$	B	A	A	A	A								B	B
Barium Sulfide	BaS	B	A	B	A			A			A	A	A	A	A
Beer			A	A	A	A	A	A			A	A	A	A	A
Beet Sugar Liquors			A	A	A	A	A	A					C	A	A
Benzene or Benzol	C$_6$H$_6$	A	A	A	A	A	A	C	B	A	C	B	C	B	C
Benzaldehyde	C$_6$H$_5$CHO	C	A	A	A	A		C	B	A	C	A	C	C	C
Benzoic Acid		C	A	A	B		A	A	A	A	A	A	C	A	C
Black Sulfate Liquor		A		A	A				A		V	V	B	A	B
Borax (Sodium Borate)	B$_4$Na$_2$O$_7$		A	A	A	A	A	A		A	A	A	B	A	A
Boric Acid	H$_3$BO$_3$	C	C	C	C		A		A	A		A	A		
Bromic Acid	HBrO$_3$	C	C	C	C			A							
Bromine		C	C	C		A	C	C		A	C	C	C	A	C
Butane		A	A	A	A	A	A	A	A		C	A	A	B	C
Butylene (Butene)		A	A	A	A	A	A	A					C	B	C
Butadiene	C$_4$H$_6$	A	A	A	A	A	A	A	A	A			B	B	A
Butyl Acetate	CH$_5$CO$_2$(CH$_2$)$_2$CH$_3$		A	A	A		B			A	A	C			C

CHEMICAL	FORMULA	STEEL	304 STAINLESS	316 STAINLESS	ALLOY 20	HASTELLOY C	440 FM	PVC	KYNAR	CERAMIC (ALUMINA)	68 °F LINEAR POLYETHYLENE	68 °F POLYPROPYLENE	HYPALON	VITON	EPDM
Hydrogen Sulfide		C	A	A	A	A	A	A	A	A	A	A	A	A	A
Hydrofluosilicic Acid		C	C	B	B	B	C	A		A		A	A	A	A
Inks		C	A	A				A			A	A	A	A	V
Iodine Solutions			C	C	C			C	C	A	B	B	B		B
Kerosene		A	A	A	A	A	A	A	A	A	B	A	C	A	C
Lactic Acid (to 60% to 100F)		C	B	A	A	A	C	A	A	A	A	A	A	A	B
Lactic Acid (over 60% to 100F)		C	B	B	B	B	C	C			A	A	C		B
Lead Acetate		C	A	A			A	A	A	A	A	A	C	A	A
Lime Slurries⁵		A	A	A									B	B	B
Linseed Oil		A	A	A				A	A		C	A	A	A	
Magnesium Carbonate	MgCO₃	A	A				A	A		A	A	A	A	A	
Magnesium Chloride	MgCl₂O	C	C	C	A	A	C	A	A	A	A	A	A	A	A
Magnesium Hydroxide	Mg(OH)₂	A	A	A	A	A		A			A	A	A	A	A
Magnesium Nitrate			A	A	A	A	A	A	A	A	A	A	A	A	A
Magnesium Sulfate	MgSO₄	A	A	A	A	A	A	A	A	A	A	B	A	A	A
Maleic Acid - Dilute		C	A	A	A	A		A	A	A		A	C	A	C
Melamine Resins		C	A	A	A	A		A		A		C			
Mercuric Chloride		C	C	C	A	A	C	A	A	A	A		A	A	A
Mercuric Cyanide		C	A	A				A			A	A	A	A	
Mercury⁶	Hg		A	A	A	A	A	A	A		A	A	A		A
Methyl Acetate	CH₃CO₂CH₃		A	A									C	C	A
Methyl Acetone		A	A	A	A			C					C	C	
Methyl Alcohol (Methanol)	CH₃OH	A	A	A	A	A	A	A	A	A	A	A	A	C	A
Methylamine		A	A	A	A								C	C	
Methyl Bromide			A	A	A			C			B	B	C	A	C
Methyl Cellosolve⊕		A	A	A	A				A	A		C	C	A	
Methyl Chloride (Liq.)		B	A	A	A	A		C			B	B	C	C	
Methyl Ethyl Ketone (MEK)	CH₃COC₂H₅	A	A	A	A		A	C	C	A	C	A	C	C	A
Methylene Chloride		A	A	A				C	B	A	B	B	C	B	B
Molasses		A	A	A	A		A	A			A	A	A	A	A
Mono Chloracetic Acid		C	C	C	B	A		A	A			A			
Morpholine		A	A	A	A	A		A	C	A			C	C	
Naphtha (Petroleum Spirits) (Thinner)		A	A	A	A	A	B	A	A	A	B	A	C	A	C
Naphthalene		A	A	A	A	A	A		C	A	A	A	C	A	C
Nickel Chloride	NiCl₂	C	C	A	A	A	C	A	A	A	A	A	A	A	A
Nickel Nitrate		C	A	A				A	A	A	A	A	A	A	A
Nickel Sulfate	NiSO₄	C	A	A	A	A	B	A	A	A	A	A	A	A	A

CHEMICAL	FORMULA	STEEL	304 STAINLESS	316 STAINLESS	ALLOY 20	HASTELLOY C	440 FM	PVC	KYNAR	CERAMIC (ALUMINA)	68 °F LINEAR POLYETHYLENE	68 °F POLYPROPYLENE	HYPALON	VITON	EPDM
Nicotinic Acid		A	A	A	A			A			A	A	C	A	
Nitric Acid 10%	HNO_3	C	B	A	B	B	A	A		A	A	A	A	A	C
Nitric Acid 70% to 100F	HNO_3	C	A	B	B	B	V	A		A	A	C	C	A	C
Nitrobenzene		A	A	A	A	A		C	B	A	C	B	C	C	C
Oils, Animal		A	A					A			B	A	C	A	C
Oils, Cottonseed		A	A	A	A	A		A			B	A	A	A	C
Oils, Fuel		A	A	A	A			A				B	A		C
Oleic Acid			A	A	A	B	A	A	A	B	A	C	C	C	C
Oleum		A	B	A	A	A	B	A	A	A	A	A	A	A	A
Oxalic Acid		C	B	B	A	A	B	A	A	A	A	A	A	A	A
Palmitic Acid (Under 200F)			A	A			A	A			A	A	C	A	B
Phenol (Carbolic Acid)		C	A	A	A	A	A	A	A	A	C	A	C	A	C
Phosphoric Acid	H_3PO_4	C	B	A	A	A		A	A	A	A	A	A	A	C
Phosphorus Trichloride	PCl_3			A	A			C	A	A			C	A	A
Potassium Bicarbonate	$KHCO_3$		A	A				A			A	A			
Potassium Tetra Borate								A			A	A			
Potassium Bromate								A			A	A			
Potassium Bromide		C	A	A	A	A		A	A	A	A	A	A	A	
Potassium Carbonate (Potash)	K_2CO_3	A	A	A	A	A	A	A	A	A	A	A	A	A	A
Potassium Chlorate		A	A	A				A	A	A	A	A			A
Potassium Chloride	KCl	C	C	A	A	A	A	A	A	A	A	A	A	A	A
Potassium Chromate		A	A	A	A	A	A	A			A	A	A	A	A
Potassium Cyanide		A	A	A	A	A	A	A			A	A	A	A	A
Potassium Fluoride		A	A	A				B			A	A			
Potassium Hydroxide (Caustic Potash) (Lye)	KOH	B	B	A	A	A	V	A	A	C	A	A	A	C	A
Potassium Nitrate (Saltpeter)	KNO_3	A	A	A	A	A	A	A	A	A	A	A	A	A	A
Potassium Permanganate	$KMnO_4$	A	A	A	A	A	A	A	A	A	A	B	A	A	A
Potassium Mono Phosphate		C	A	A	A	A		A					A	A	
Potassium Di-Phosphate		A	A	A	A	A		A					A		
Potassium Sulfate	K_2SO_4	A	A	A	A	A	A	A	A	A	A	A	A	A	A
Potassium Sulfide			A	A	A			A			A	A		A	
Potassium Sulfite			A	A	A			A			A	A	B	A	A
Propane (Liq.) (LPG)		A	A	A	A			A	A	A	A		B	A	C
Propyl Alcohol			A	A	A			A	B		A	A	A	A	A
Propylene Glycol (Methyl Glycol)		A	A	A	A			C		A	A	A	A	A	A
Resins & Rosins		C	A	A		A	A							A	V
Silver Nitrate		C	A	A	A		A	A	A	A	A	A	A	A	A

CHEMICAL	FORMULA	STEEL	304 STAINLESS	316 STAINLESS	ALLOY 20	HASTELLOY C	440 FM	PVC	KYNAR	CERAMIC (ALUMINA)[1]	68°F LINEAR POLYETHYLENE	68°F POLYPROPYLENE	HYPALON	VITON	EPDM
Butyl Alcohol		B	A	A	A	A	A	A			A	A	A	A	B
Butyl Mercaptan		C	B	B	B	A	C						B	A	A
Butyric Acid		C	B	A	A	A	A	B	A		C		A	B	C
Calcium Bisulfite	$Ca(HSO_3)_2$	C	B	A	A	A	C	A	A			A	A	A	A
Calcium Carbonate (Chalk)	$CaCO_3$	A	A	A	A	B	A	A	A	B	A	A	A	A	A
Calcium Chlorate	$Ca(ClO_2)_2$	B	A	A	B	A	A	A	A		A	A	A	A	
Calcium Chloride (Brine)		C	C	B	A	A	C	A	A		A	A	A	A	A
Calcium Hydroxide	$Ca(OH)_2$	A	A	A	A	A	C	A	A	C	A	A	A	A	A
Calcium Hypochlorite[2]	$Ca(ClO)_2$	C	C	B	B	B	C	A	A	A	A	A	A	A	A
Calcium Nitrate	$Ca(NO_3)_2$	A	B	A	A	A		A	A	A	A	A	A		A
Calcium Sulfate		A	A	A	A	A	A	A	A		A	A	A	A	
Cane Sugar Liquors			A	A	A	A						A	C	B	A
Carbolic Acid (Phenol)		C	A	A	A	A	V	A			C	A	C	A	B
Carbon Bisulfide		A	A	A	A	A	A	A				B	C	A	C
Carbon Dioxide	CO_2	C	A	A	A	A	A	A				A	A	A	A
Carbonic Acid	H_2CO_3	C	A	A	A	A	A	A			A	A	A	A	A
Carbon Tetrachloride		A	A	A	A	A	A	C	A	A	C	B	C	A	C
Chelant (Chelate)		GROUP OF CHEMICALS-USER SHOULD SPECIFY M.O.C.													
Chloral Hydrate			A		A	A									
Chloroacetic Acid		C	C	C	A	A	C	A	A		B	B	C		A
Chlorine (Liq.)		C	C	C	C	A	C	B	A	A	B	C		B	
Chlorobenzene (Dry)		B	B	A	A	A	A	C	A	A	C	A	C	A	C
Chloroform		B	A	A	A	A	A	C	A	A	C	C	C	A	C
Chlorosulfonic Acid		A	A	A	A	A	C	C	C	A	C	C		C	C
Chromic Acid 10%	H_2CrO_4	C			A		B	A		A	A	A	B		C
Chromic Acid 50% Cold	H_2CrO_4	C	C	A	A	A	C	A		A	A	B	A	A	C
Chromic Acid 50% to 140F	H_2CrO_4			B		A	C	A		A		B	A	C	C
Citric Acid		C	B	A	A	A	V	A	A	A	A	A	A	A	A
Cobalt Acetate			B	A											
Coffee Extracts (Hot)		C	A	A	A	A	A								A
Copper Acetate		C	A	A	A	A		A					C	C	A
Copper Chloride		C	C	C	C	A	A	A	A	A	A	A	B		A
Copper Cyanide	CuCN	C	A	A			A	A		A	A	A	A	A	A
Copper Nitrate		C	A	A			A	A	A	A	A			A	A
Copper Sulfate		B	A	A	A	A	A	A	A	A	A	A	A	A	A
Cresylic Acid (50%)		A	A	A	A	A		A					C	A	C
Cyclohexane	C_6H_{12}	B	A	A	A	A		C	A	A	C	B	C	A	C

CHEMICAL	FORMULA	STEEL	304 STAINLESS	316 STAINLESS	ALLOY 20	HASTELLOY C	440 FM	PVC	KYNAR	CERAMIC (ALUMINA)	68 °F LINEAR POLYETHYLENE	68 °F POLYPROPYLENE	HYPALON	VITON	EPDM
Detergent Solutions								A			A	A	A	A	A
Dichloro Ethane			A	A	A			C	A						
Diethylamine		A	A	A	A			C					C	C	A
Diethylene Glycol			A	A	A			A		A	A	A	A	A	A
Dowtherms			A	A	A			C					C	A	C
Dyes			A	A	A										V
Ethers (Ethyl)		A	A	A	A	A	A	C	B	A	B	B	C	B	C
Ethyl Acetate	CH$_3$COOC$_2$H$_5$	A	A	A	A			C	B	A	B	A	C	C	A
Ethyl Alcohol (Ethanol)	CH$_3$CH$_2$OH		A	A	A			A	A	A	A	A	A	A	A
Ethyl Butyrate			A	A	A						C	C			
Ethyl Chloride	C$_2$H$_5$Cl	A	A	A	A	A	A	C	A	C	C				
Ethylene Chloride			A	A				C		A	B	B	C	B	C
Ethylene Glycol (Ethylene Alcohol)	(CH$_2$OH)$_2$	A	A	A	A	A	A	A		A	A	A	A	A	A
Fatty Acids		C	A	A	A	A	A	A	A	A	A	C	A	C	
Ferric Chloride[3]	FeCl$_3$	C	C	C	C	B	C	A	A	A	A	A	A	A	A
Ferric Nitrate	Fe(NO$_3$)$_3$		A	A	A	B	A	A	A	A	A	A	A	A	A
Ferric Sulfate	Fe$_2$(SO$_4$)$_3$	C	B	A	A	A	A	A	A	A	A	A	A	A	A
Ferrous Chloride[3]	FeCl$_2$	C	C	C	C	A		A	A	A	A	A	A		A
Ferrous Sulfate	FeSO$_4$	B	C	B	A	A	A	A	A	A	A	A	A	A	A
Filter Aid (Diatomaceous Earth)		A	A	A	A	A	C	A	A	A					A
Fluosilicic Acid		C	C	B	B	B	C	A	A	C	A	A	A	A	A
Formaldehyde	HCHO	B	A	A	A	A	V	A	A	A	A	A	A		A
Formic Acid	HCOOH	C	A	A	A	A	A	C	B	A	A	A	A	C	A
Fruit Juices		C	B	A	A	A	A	A	A	A	A	A	C	A	A
Freon			A					A	A	A	A	A	A	C	V
Furfural		A	A	A	A	A	A	C	B	A	B	C	C	C	A
Gallic Acid (5%)		C	A	A	A		A	A	B	A	A	A	C	A	B
Gasoline		A	A	A	A	A	A	C	B	A	B	C	C	C	A
Glucose (Corn Syrup)	C$_6$H$_{12}$O$_6$		A	A	A			A	A	A	A	A	A	A	A
Glycerol (Glycerin)	C$_3$H$_5$(OH)$_3$	B	A	A	A	A	A	A	A	A	A	A	A	A	A
Heptane, Hexane	C$_7$H$_{16}$		A	A	A			A	A	A	A	A	A	A	C
Hydrazine[4]	H$_2$NNH$_2$	C	A	A				C		B			B	C	A
Hydrobromic Acid		C	C	C	C	B	C	A	A	A	A	A	A		A
Hydrochloric Acid	HCl	C	C	C	C	B	C	A	A	A	A	A	A	A	A
Hydrocyanic Acid	HCN	C	A	A	A	A	C	A	A	A	A	A	A		A
Hydrofluoric Acid 50%	HF	C	C	C	C	B	C	A	A	B	A	A	A	B	A
Hydrogen Peroxide	H$_2$O$_2$	C	A	B		A		C	A	A				A	C

CHEMICAL	FORMULA	STEEL	304 STAINLESS	316 STAINLESS	ALLOY 20	HASTELLOY C	440 FM	PVC	KYNAR	CERAMIC (ALUMINA)[¹]	68°F LINEAR POLYETHYLENE	68°F POLYPROPYLENE	HYPALON	VITON	EPDM
Soap Solutions (Stearates)		A	A	A	A	A	A	A			A	A	A	A	A
Sodium Acetate		A	B	A	A	A	A	A	A	A	A	A	C	A	A
Sodium Aluminate		B	A	A	A	A	A	B	A	A			A	A	A
Sodium Bicarbonate		A	A	A	A	A	A	A	A				A		A
Sodium Bisulfate (to 100F)		C	B	A	A	A	C	A		A	A	A	A	A	A
Sodium Bisulfite (to 100F)		C	A	A	A	A		A		A	A	A	A	A	A
Sodium Borate		C	A	A				A	A	A	A	A	A	A	A
Sodium Carbonate (Soda Ash)	Na₂CO₃	A	A	A	A	A	A	A	A	A	A	A	A	A	A
Sodium Chlorate	NaClO₃		A	A		A	A	A	A	A	A	A	A	A	A
Sodium Chloride (Table Salt)	NaCl	C	B	B	A	A		A	A	A	A	A	A	A	A
Sodium Chlorite (to 20%)		C	C	C	C	A		C	A	A	C	A	A	A	
Sodium Chromate		A	A	A	A	A		A		A	A			A	
Sodium Cyanide	NaCN	A	A	A	A	A	A	A	A	A	A	A	A	A	A
Sodium Fluoride	NaF	B	B	B	A	B	C	A	A	C	A	A	A	A	
Sodium Hydroxide 20% to 75F	NaOH	A	A	A	A	A	A	A	A	A	A	A	A	A	A
Sodium Hydroxide 20% 75 to 210F	NaOH	B	A	A	A	A	A	A		A	C	A	A	C	A
Sodium Hydroxide 50% to 75F	NaOH	A	A	A	B	A	C	A	A	B	A	A	A	C	A
Sodium Hydroxide 50% 75 to 175F	NaOH	B	B	A	B		C	A		C		A	A	C	A
Sodium Hypochlorite[⁷]	NaOCL	C	C	C	C	V	C	A	A	A	A	A	B	B	A
Sodium Nitrate	NaNO₃	B	A	A	A	A	A	A	A	A	A	A	A	A	A
Sodium Peroxide	Na₂O₂	A	A	A	A	A	A		B	A	A		A	A	A
Sodium Mono Phosphate		C	B	A	A	A	A	A				A	A	A	A
Sodium Di-or Tri-Phosphate		A	A	A	A	A		A				A	A	A	A
Sodium Polyphosphate		C	A	A	A	A	A	A		A			B	A	
Sodium Silicate		B	A	A	A	A	A	B	A	A		A	A	A	A
Sodium Sulfate	Na₂SO₄	A	A	A	A	A	A	A	A	A	A	A	A	A	A
Sodium Sulfide		C	B	A	A	A	A	B			A	A	A	A	A
Sodium Sulfite	Na₂SO₃	A	A	A	A	A	A	A	A	A	A	A	A	A	A
Sodium Thiosulfate (Hypo)		C	B	B	A	A	A	A	A	A		A	A	A	A
Starch		B	A	A	A		A		A	A	A	A	A	A	A
Stearic Acid			B	A	A	A		A	A	A	A	A	A	A	A
Sugar Solutions		A	A	A	A	A	A	A			A	A	A	A	A
Sulfur, Molten		A	A	A	A	A		A	A	A	A	B	C	A	C
Sulfur Chloride	S₂Cl₂	C	C	A	A	A						A	A	A	C
Sulfur Dioxide (Liq.)	SO₂	A	A	A	A	A		A			A	A	A	C	A
Sulfuric Acid 0-40%	H₂SO₄	C	C	C	A	A	C	B			A	A	A	A	B
Sulfuric Acid 40-95%	H₂SO₄	C	C	C	A	A	C	B		A	A	A	B	A	C

CHEMICAL	FORMULA	STEEL	304 STAINLESS	316 STAINLESS	ALLOY 20	HASTELLOY C	440 FM	PVC	KYNAR	CERAMIC (ALUMINA)[1]	68 °F LINEAR POLYETHYLENE	68 °F POLYPROPYLENE	HYPALON	VITON	EPDM
Sulfuric Acid 95-100%[6]	H_2SO_4		C	C	A	A	C	B		A	B	B	B	A	C
Sulfurous Acid	H_2SO_3	C	B	B	A	A	B	A	A	A	A	A	A	A	B
Tannic Acid		B	A	A	A	A	B	A	A	A	A	A	A	A	A
Tartaric Acid		B	B	A	A	A	C	A	A	A	A	A	A	A	B
Titanium Dioxide (Slurry)		A	A	A	A	A		B	A	A			A	A	A
Toluene (Toluol)	$CH_3C_6H_5$	A	A	A	A	A	A	C		A	B	B	C	A	C
Trichloroethylene	$CHClCCl_2$	A	A	A	A	A	A	C		A	C	C	C	A	C
Turpentine		A	A	A			C	A	A	A	B	B	C	A	C
Urea Formaldehyde		A	A	A	A	A				A	A	A	A		
Varnish & Solvents		B	A	A	A	A	A						C	A	C
Vinegar			A	A	A		C	A			A	A	A		A
Vinyl Acetate		A	A				C	A	A				C	C	C
Water, Deionized	H_2O	C	A	A	A	A	A	A		A		A	A	A	A
Xylene or Xylol			A	A	A		A	C	A	A	B	B	C	A	C
Zinc Chloride	$ZnCl_2$	C	C	C	A	A	C	A			A	A	A		A
Zinc Hydrosulfite	$ZnHSO_3$	C	B	B	A	A		A						A	
Zinc Sulfate	$ZnSO_4$	C	A	A	A	A	C	A	A	A	A	A	A	A	A

NOTES:

[1] Alumina ceramic is the check valve ball material used on all non-metallic pump heads.

[2] Solutions in concentrations to 15%.

[3] Solutions in concentrations to 45% and temperature to 120°F.

[4] Satisfactory for concentrations less than 35%. Above 35% no alloys containing molybdenum should be used. (i.e. must use 304SS).

[5] Solutions in concentrations to 15%. Tubular Diaphragm head required. Concentrations over 15% require flush connections and special piping considerations to prevent plugging.

[6] Inverted valves required to obtain ball seating.

[7] Requries specific grade of Hastelloy C.

[8] Absorption of moisture from air dilutes exposed acid, and can significantly increase corrosion.

MATERIAL DESCRIPTIONS

Kynar®	Polyvinylidene fluoride.
PVC	Polyvinyl chloride.
Hypalon®	A chlorosulphonated polyethylene.
Viton®	Copolymer of Vinylidene Fluoride and Perfluoropropylene or hexafluoropropylene.
EPDM	Ethylene-propylene diene monomer.
TFE	Fluorocarbon resin of tetrafluoroethylene polymer. Teflon diaphragms are unfilled, virgin material. Pump heads are normally glass-filled.

VITON is a registered trademark of the DuPont Company.
TEFLON is a registered trademark of the DuPont Company.
HYPALON is a registered trademark of the DuPont Company.
KYNAR is a registered trademark of the Pennwalt Company

⁓ 참고문헌 ⁓

[책]

• 《최신 펌프핸드북》, 박한영 / 송경희 지음, 공감북스, 2016년 9월 10일

• 《펌프》, 저자 : 산업훈련기술교재편찬회편, 도서출판 세화, 2014년 8월 10일

• 《펌프의 이론과 실제》, 전인식 · 조광옥 · 이교진 · 조철환 공동편저, ㈜건설연구사, 2007년 5월 23일

• 《효성펌프 편람》, 효성에바라주식회사, 정문출판주식회사, 1996년 6월 30일

• 《펌프공학》, 권순홍 · 김성태 · 성시홍 · 이승기 · 최규홍 · 황성만, 유림문화사, 2000년 6월 20일

• 《펌프의 이론과 실제》, 한전발전부, 구미기술, 1988년 3월 20일

• 《화학 플랜트용 펌프》, 압축기, 이한무 편저, 1998년 1월 6일

• 《최신 KS / ISO 규격에 의한 기계설계 KS 규격집》, 이농우 · 노수황, 피앤피북, 2020년 3월 10일

• 《Pump Engineering Manual》, The Duriron Company, Inc. Rotating Equipment Group, Edited by R.E.Syska / J.R.Birk

• 《Termomeccanica Centrifugal Pump Handbook》, Termomerccania Pompe, by Grafiche Oiemme Layout SLF

• 《LEWA Metering Pump handbook》, 3rd Edition, 1996

- 《日機装株式會社 水処理用 液狀注入ポンプ》, 資料番戶 : S−003, 2001. 10.

- 《Nikkiso Metering Pump Databook》, Technical Data No. MT(E)−001R5, 2000. 10.

- 《Nikkiso Canned Motor Pump Databook》, Technical Data No. MC(E)−002R6, 1997. 8.

[논문]

- Specific Speed−it's more important to pump design than you think, Water Well Journal, by By Ed Butts, PE, CPI, 2016. 8. 1.

- Pump specific speed and pump specific speed, by Allan R. Budris, P.E, 2009. 9. 1

[규정집 및 자료]

- 〈원심펌프의 최소유량 선정 및 펌프 설치 등에 관한 기술지침〉, 한국산업안전공단, 2018년 11월

- 〈펌프의 기초지식〉, 현대중공업터보기계㈜

- 〈고압다단펌프의 설계개념〉, 현대중공업터보기계㈜

- 〈수직형 펌프의 설계개념〉, 현대중공업터보기계㈜

- 〈펌프 성능시험 일반사항〉, 현대중공업터보기계㈜

- 〈펌프규격 해설〉, 효성에바라㈜, 2004년 10월 15일

- 〈진공발생장치−진공펌프 종류 및 원리와 사용법〉, 에드워드코리아㈜, 주장헌, 2013년

2월 18일

- API Standard 520 6th Edition 2015; Sizing, Selection and Installation of Pressure-relieving Devices⟩, Part II-Installation.

- API Stanard 610 17th Edition 2010; Centrifugal Pumps for Petroleum, Petrochemical and Natural Gas Industriaes.

- API Standard 674 2nd Edition 1995; Positive Displacement Pumps-Reciprocating.

- API Standard 675 3rd Edition April 2015; Positive Displacement Pumps-Controlled Volume for Petroleum, Chemical, and Gas Industry Services.

- API Standard 676 3rd Edition, November 2009; Positive Displacement Pumps-Rotary.

- API Standard 685 2nd Edition, February 2011; Sealless Centrifugal Pumps for Petroleum, Petrochemical, and Gas Industry Process Service.

[blog]

- http://cafe.daum.net/WORLDCAFE/XU2L/70?q=%ED%8E%8C%ED%94%84%EC%9D%98%20%EC%A2%85%EB%A5%98

- http://blog.naver.com/PostView.nhn?blogId=daibbang75&logNo=10035280355

- http://blog.naver.com/PostList.nhn?from=postList&blogId=ekongduk&currentPage=13

[Catalogue]

- Sundyne Pump, Model LMV-322, Sundstrand Fluid Handling, November, 1987.

- Sundyne Direct Drive Pumps, Sundstrand Fluid Handling, May, 1992.

- 7200CB Pumps, Golds, 07. 2015.

- CP Horizontal Radially Split Multistage Barrel Pump, Sulzer, 2015.

- Nikkiso Canned Motor Pump Catalogue No. 2062R14, 10. 2013.

- Teikoku Product Lines Catalogue No. CAT-0026, 12. 2004.

- LEWA Metering Pump Catalogue No. D1-160_en, 03. 2015.

- LEWA Plunger Pump Catalogue No. D1-620_en, 09. 2016.

- Nikkiso Cryogenic Pump Catalogue No. 2079r8, 03. 2007.

- Nikkiso Pulseless Pump Catalogue No. 2089r3, 07. 2002.

- Milton Roy API675 Metering Pump Catalogue No. 59198. 02. 2019.

- SPX Bran-Lubbe NOVADOS Metering Pump Catalogue No. BL-104-E-1.0-04. 2013.

- M Pump Magnetic Catalogue, 02. 2013.

- Flowserve Pump Product Catalogue, Bulletin FPD-100m(E/A4), May 2014.

[사용설명서(Instruction Manual)]

- 횡형 단단 볼류트펌프 취급설명서, 신신기계, 2016. 5. 10.

- Nikkiso Canned Motor Pump Manual(Basic) No. 2081R6, 2000. 3.

• Nikkkiso Metering Pump Manual(General) No. 2210R1, 2002. 2.

• Sundyne Pump Pump Manual(LMV311), SA−07−11−25, REV Orig., Mar.,
  2009.